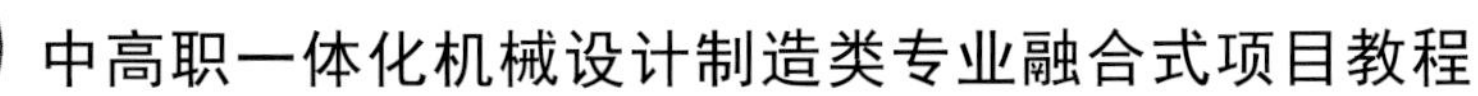

简单产品普通加工（上册）

B教程

禹　诚　周远成　余　昆　主编

熊靖康　田　蔓　陈　功　参编
姜典清　钟　波　车海峰

華中科技大學出版社
http://press.hust.edu.cn
中国·武汉

内 容 简 介

本系列教材的 A、B 教程需同步使用，强调以学习者为中心，以工作过程为导向，以做定学，以学定教，以评促学。需要做什么，就学什么；需要学什么，就教什么；学了什么，就测评什么。同步检测做、学、教的效果，有效控制项目教学过程，确保项目教学效果。

本教材对应 A 教程中 T 形块的测绘、四巧板的制作与绘图、典型曲线连接零件的绘图与制作、组合体模型测绘四个项目的实施需要，以工作过程为导向，编写链接知识，助力学生完成 A 教程中的对应任务。学生应重点学习机械制图、钳工、零件检测技术等领域的知识和技能。

图书在版编目(CIP)数据

简单产品普通加工. B 教程. 上册/禹诚，周远成，余昆主编. —武汉：华中科技大学出版社，2022. 11
ISBN 978-7-5680-8824-4

Ⅰ. ①简… Ⅱ. ①禹… ②周… ③余… Ⅲ. ①金属切削-教材 Ⅳ. ①TG5

中国版本图书馆 CIP 数据核字(2022)第 219891 号

简单产品普通加工(B 教程上册)
Jiandan Chanpin Putong Jiagong (B Jiaocheng Shangce)
禹诚 周远成 余昆 主编

策划编辑：王红梅
责任编辑：刘艳花 李 露
封面设计：原色设计
责任校对：刘 竣
责任监印：周治超
出版发行：华中科技大学出版社(中国·武汉) 电话：(027)81321913
武汉市东湖新技术开发区华工科技园 邮编：430223
录 排：武汉市洪山区佳年华文印部
印 刷：湖北新华印务有限公司
开 本：787mm×1092mm 1/16
印 张：8.5
字 数：206 千字
版 次：2022 年 11 月第 1 版第 1 次印刷
定 价：68.00 元

习近平总书记在党的二十大报告中指出“坚持把发展经济的着力点放在实体经济上，推进新型工业化，加快建设制造强国、质量强国、航天强国、交通强国、网络强国、数字中国。”在推进新型工业化及强国战略过程中，从事装备制造业的技术技能人才肩负着重要使命。

为了培养符合新型工业化和强国战略需要的高水平装备制造大类技能人才，编写团队专注中高职教育教学改革20多年，积累了丰富的项目化教学改革经验。本系列教材聚焦机械设计制造类专业学生学习和教师教学的痛点：一是中职和高职阶段专业课程缺乏统筹规划，教学衔接不畅，岗课证赛融通困难，毕业生难以满足企业岗位需求；二是传统专业教学通常采用专业基础和专业课分门分科教学，互为支撑的课程因开设时间不连续而彼此割裂，理论知识和实践技能脱节，造成学生学习困难、教师教学不畅。

编写团队依据陶行知“教学做合一”理念，通过对标机械设计制造类专业的职业面向、培养目标定位、专业能力要求，开展融合式项目化教学改革，精心设计思政性、趣味性、实用性、连贯性的教学项目，形成中高职一体化全学程专业教学项目链，创新编写中高职一体化融合式纯项目化教材，破解中高职教学衔接不畅、课程割裂、理实脱节等难题。教材在项目任务选题上突出思政功能，引入中国传统文化元素、突出环保理念、借用大国重器工作情景等，树立学生文化自信、提高学生环保意识、激发学生专业担当、培植学生报国之志，有效达成价值塑造、知识传授、能力培养的有机融合。该系列教材包括：简单产品普通加工、常用产品数控加工、复杂产品综合加工、尖端产品多轴加工、创意产品原型制作共五大模块上下册共10套教材，每套教材包括“做学教评同步”A、B教程，共计20本教材。

A教程为基于项目实施过程的“做学教评”同步工作页，B教程为基于项目实施过程的“跨科目融合”同步学习页。编写团队联合企业专家，根据知识对岗位能力的贡献度，依据国家教学标准，将关键学习领域知识点进行了编码（机械设计制造类专业关键知识点编码表见附录）。不同领域的知识点学习页在B教程中用不同标识色块进行了区别，提取全套教材中同标识色块学习页，按知识点编码顺序装订成册将获得传统学科教材，有效兼顾了传统教学。

本系列教材的A、B教程需同步使用，强调以学习者为中心，以工作过程为导向，以做定学，以学定教，以评促学。需要做什么，就学什么；需要学什么，就教什么；学了什么，就测评什么。同步检测做、学、教的效果，有效控制项目教学过程，确保项目教学效果。

本教材对应A教程中T形块的测绘、四巧板的制作与绘图、典型曲线连接零件的绘图与制作、组合体模型测绘四个项目的实施需要，以工作过程为导向，编写链接知识，助力学生完成A教程中的对应任务。学生应重点学习机械制图、钳工、零件检测技术等领域的知识和技能。

教材编写团队由耕耘在装备制造类职业教育教学改革一线20多年的全国教书育人楷模禹诚老师领衔，团队成员包括中等职业学校和高等职业学校一线教师、装备制造企业技术技能大师。本教材由武汉城市职业学院禹诚、武汉市第二轻工业学校周远成、余昆担任主编。参加编写的还有熊靖康、田蔓、陈功、姜典清等老师，钟波、车海峰等企业技术技能大师。

特别感谢为教材编写提供帮助的企业专家和毕业生！由于教学团队的教学改革还在持续进行，教学项目还在不断优化，教材编写还存在很多不足，敬请各位专家、读者原谅，欢迎大家多提宝贵修改意见，谢谢！

编　者

2022年11月于武汉

目录

链接知识 A201 投影法的概念

实际工程中，我们通常采用能够正确反映物体长、宽、高尺寸的正投影工程图（主视图、俯视图、左视图三个基本视图，即三视图）进行交流，这是工程界一种对物体几何形状约定俗成的抽象表达方式。

如图 A201-1 所示，物体在光线的照射下，在地面或墙上会产生影子，对这种自然现象加以抽象研究并总结其规律，创造出了投影法。

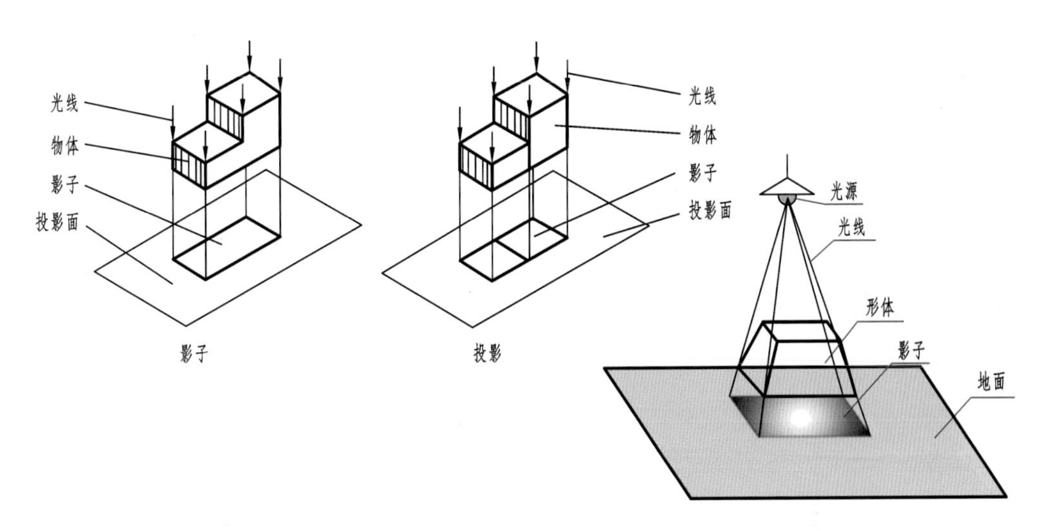

图 A201-1　投影

投影法分为中心投影法、平行投影法，如表 A201-1 所示。

表 A201-1　投影法的类别、简介和图示

类别	简　　介	图　　示
中心投影法	中心投影法的要素有投射中心、空间物体和投影面。用中心投影法得到的物体的投影，其大小与物体相对投影面的远近有关，投影不能反映物体的真实形状。中心投影法对应的图形富有立体感，用于绘制建筑物富有立体感的透视图较为合适，在机械制图中则很少采用	

类别	简　　介	图　　示
平行投影法	平行投影法与中心投影法的区别在于，平行投影法的投射线相互平行。按投射线与投影面是否垂直，平行投影法分为正投影法和斜投影法。投射线垂直于投影面的投影法称为正投影法，投射线倾斜于投影面的投影法称为斜投影法。 如图所示，如果空间平面（图中的T形）与投影面平行，则投影面上的投影能反映空间平面的真实形状，其大小与空间平面与投影面的距离无关。 机械制图中采用平行投影法中的正投影法，斜投影法一般只在斜二轴测图的绘制中使用	正投影图 斜投影图

使用正投影法得到的投影图，称为正投影图。如图A201-2所示，空间形体受投射线作用，在投影面H面上留下投影，H面上的投影称为正投影图，简称投影图。

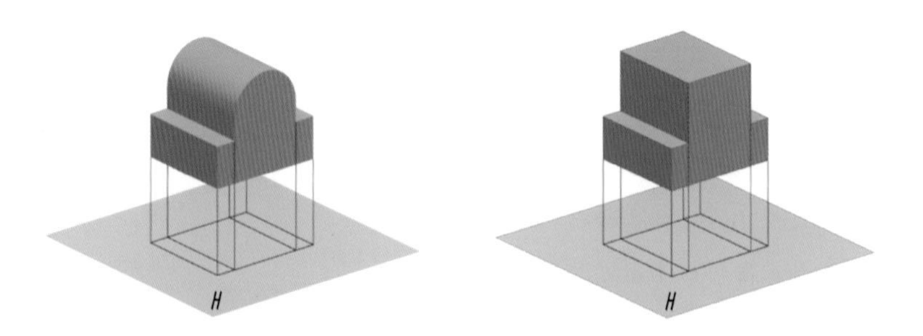

图A201-2　正投影图

在正投影法中，平面和直线的投影有以下三个特性。

实形性：如图 A201-3 所示，当平面与直线平行于投影面时，平面的投影反映真实形状，直线的投影反映实长。

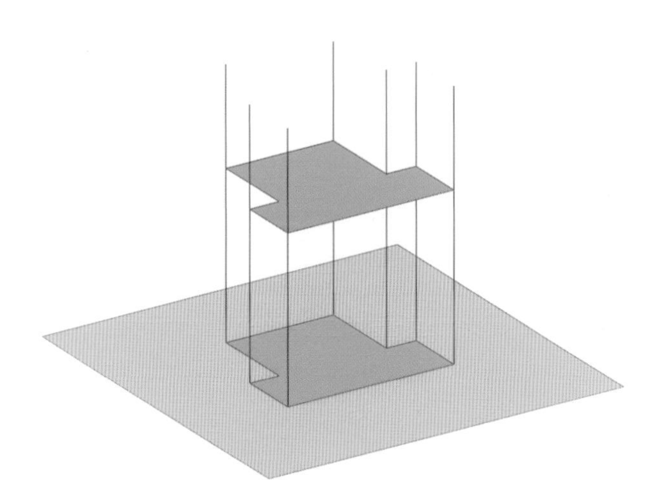

图 A201-3　实形性

积聚性：如图 A201-4 所示，当平面与直线垂直于投影面时，平面的投影积聚成直线，直线的投影积聚成点。

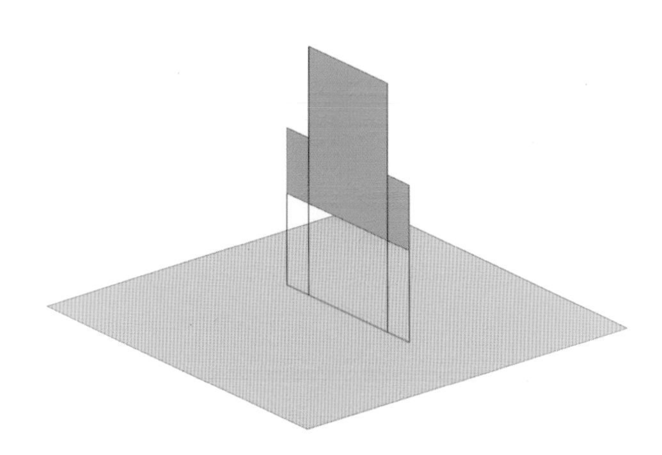

图 A201-4　积聚性

类似性：如图 A201-5 所示，当平面与直线倾斜于投影面时，平面的投影类似原平面，直线的投影比原直线短。

图 A201-2 中，空间中两个形状不同的形体，留在 H 面上的投影却相同，这是由于 H 面上的投影图只显示了空间形体在某一个方向上的投影。仅靠物体在一个投影面上的投影，不能确定其三维空间的形体形状与位置。必须从多个不同的方向观察，采用多面投影绘制多面投影图。机械制图中通常采用与形体的长、宽、高相对应的三个相互

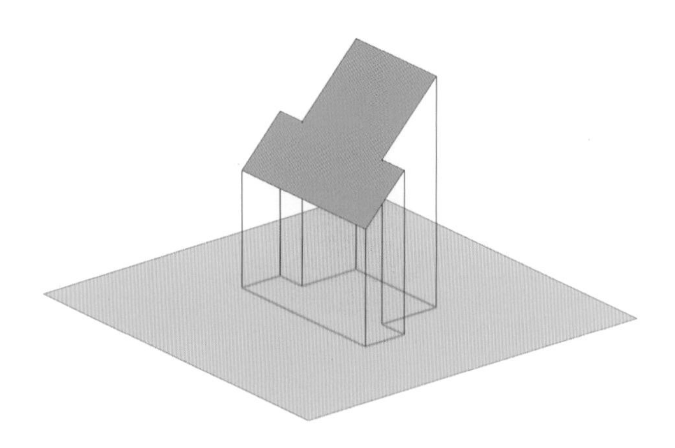

图 A201-5　类似性

垂直的投影面，来绘制形体的三面投影图。于是，在 H 面的后方增加 V 投影面，在 H 面的右方增加 W 投影面，三个投影面相互垂直。

V 面称为正面投影面，H 面称为水平投影面，W 面称为侧面投影面。三个投影面之间的交线 OX、OY、OZ 称为投影轴，表示形体长、宽、高的三个度量方位，三条轴线会聚一点，该点被称为原点 O。投影面与投影轴构成了三面投影体系。

某实体在此投影体系中生成了三张投影图，各投影面上的投影约定为：

(1) 形体在正面投影面上的投影称为正面投影；

(2) 形体在水平投影面上的投影称为水平投影；

(3) 形体在侧面投影面上的投影称为侧面投影。

链接知识 A202　三视图的形成与投影规律

图 A202-1 中，只有正面投影能够真实反映空间形体在 V 面的投影形状，而水平投影和侧面投影的形状失真。这是由于阅读者的视线仅与 V 面垂直，只有 V 面投影符合正投影法的投影规则，而后两者的投影属于斜投影法。那么，如何使三面投影图都能够真实反映空间物体对应三个投影方向的真实形状呢？

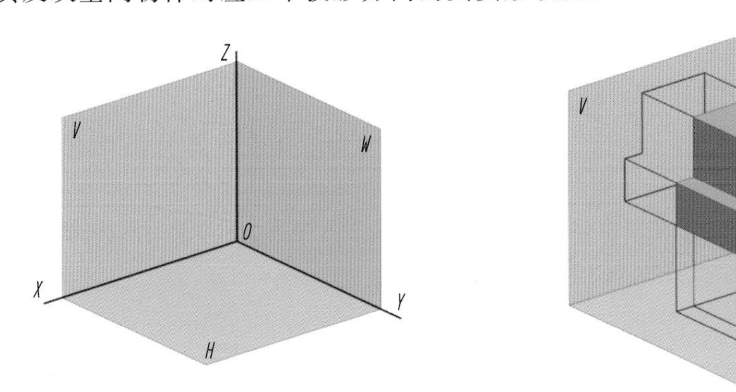

图 A202-1　三面投影体系投影图

机械制图中，将三个投影面展开在一个平面上。按制图国家标准的规定：投影面展开时 V 面不动，H 面绕 OX 轴向下旋转，W 面绕 OZ 轴向右旋转，至 H、W 两投影面均与 V 面共面。展开后的投影面，OY 轴一分为二，落在 H 面上的称为 Y_H，落在 W 面上的称为 Y_W，如图 A202-2 所示。共面后的三个投影面，水平投影面在正面投影面的下方，侧面投影面在正面投影面的右侧。

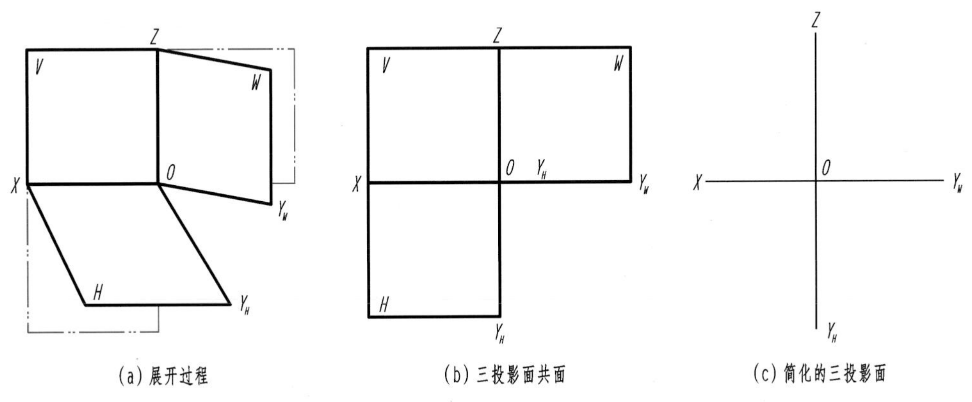

(a) 展开过程　(b) 三投影面共面　(c) 简化的三投影面

图 A202-2　三面投影图的展开过程

图 A202-3(a)所示的为某实体展开后的三面投影图，其真实反映出实体的三面投影形状。图 A202-3(b)所示的是机械制图中空间形体对应于长、宽、高三个方向的投影图，简称“三视图”，所谓的长、宽、高即是投影轴 OX、OY、OZ 的度量差。

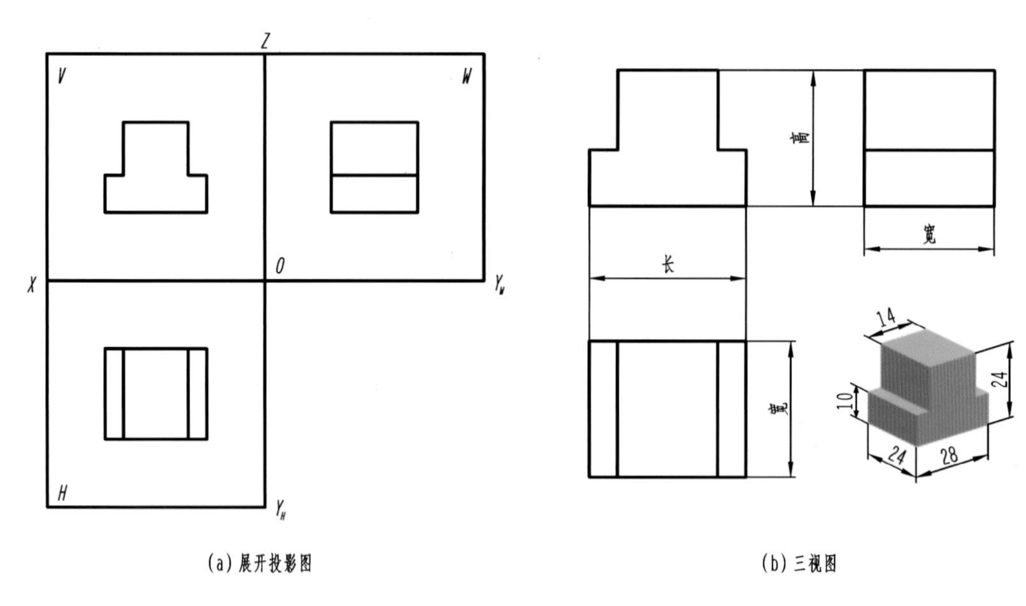

图 A202-3　展开后的三面投影图

链接知识 A101.2 比例

绘制图形时，不可能都按照实物的真实尺寸 1∶1 绘制。根据实际的需求，可放大绘制，也可缩小绘制。图样中的图形与实物相应要素的线性尺寸之比，称为绘图比例。绘制图样时，应在表 A101.2-1 中规定的系列中选取适当比例。值得强调的是，不论采用何种比例，图形中所标注的尺寸数值必须是实际尺寸，与绘图比例无关。

表 A101.2-1　常用绘图比例

种类	比例				
原值比例	1∶1				
放大比例	2∶1	5∶1	1×10^n∶1	2×10^n∶1	5×10^n∶1
	4∶1	2.5×10^n∶1	4×10^n∶1	2.5∶1	
缩小比例	1∶2	1∶5	1∶1×10^n	1∶2×10^n	1∶5×10^n
	1∶1.5	1∶2.5	1∶3	1∶4	1∶6
	1∶1.5×10^n	1∶2.5×10^n	1∶3×10^n	1∶4×10^n	1∶6×10^n

链接知识 A101.4 图线

图线是组成图样的元素，掌握图线的绘制方法对图样有着至关重要的影响。一条图线的错误可以导致整张图样的报废，对于工程技术人员而言，严格按照图线的意义绘制图样，才能正确表达信息。常用的图线线型见表 A101.4-1，这些基本图线有其各自的图线意义，不能混淆。

图线的线宽分为粗、细两种。粗线的线宽 d 应按图样的类型、图幅的规格及尺寸，在 0.5～2 mm 之间选择。推荐系列为 0.5 mm、0.7 mm、1 mm、1.4 mm、2 mm。在确定了粗线线宽 d 之后，细线的宽度即可确定，为 $d/3 \sim d/2$。

表 A101.4-1　图线线型及应用

图线名称	图线型式	图线宽度	主要用途
粗实线	————————	b(≈0.7 mm)	可见轮廓线 可见过渡线
细实线	————————	约 $b/2$	尺寸线及尺寸界线 剖面线、引出线 重合断面的轮廓线 螺纹的牙底线及齿轮的齿根线 分界线及范围
波浪线	～～～～	约 $b/2$	断裂处的边界线 视图和剖视图的分界线
双折线	—∕\—∕\—∕\—	约 $b/2$	断裂处的边界线 视图和剖视图的分界线
虚线	- - - - - - - -	约 $b/2$	不可见轮廓线 不可见过渡线
细点划线	—·—·—·—	约 $b/2$	轴线 对称中心线 轨迹线 齿轮的节圆及节线

续表

图线名称	图线型式	图线宽度	主要用途
粗点划线	—— · —— · —— · ——	b	有特殊要求的线或表面的表示线
双点划线	——··——··——··——	约 $b/2$	相邻辅助零件的轮廓线 限定位置的轮廓线

各类图线在图样中的意义各不相同，绘图时应按要求选取图线的类型与粗细。如粗实线描绘零件的可见轮廓线，虚线描绘零件的不可见轮廓线，两者不能相混。图线的应用如图 A101.4-1 所示。

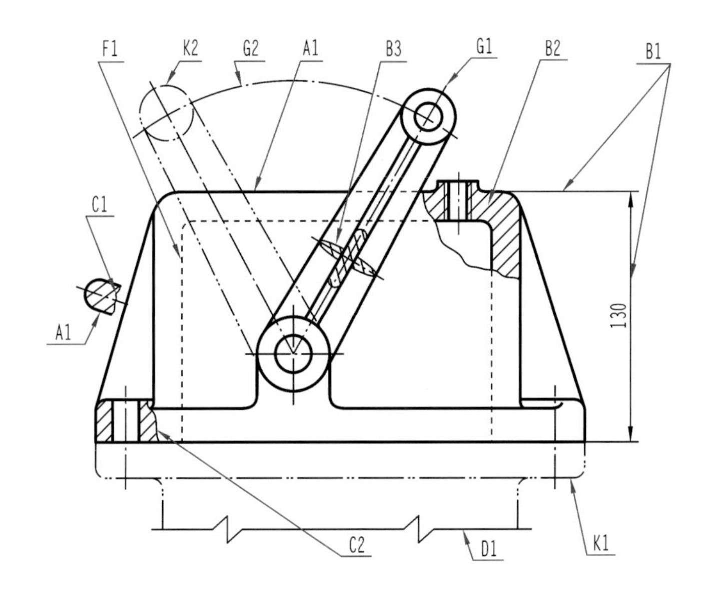

A1 可见轮廓线
B1 尺寸线及尺寸界线
B2 剖面线
B3 重合断面的轮廓线
C1 断裂处的边界线
C2 视图和剖视的分界线
D1 断裂处的边界线
F1 不可见轮廓线
G1 对称中心线
G2 轨迹线
K1 相邻辅助零件的轮廓线
K2 限定位置的轮廓线

图 A101.4-1 图线应用示例

除要正确掌握图线的类型外，还应注意下列问题。

（1）同一图样中同类图线的宽度应一致。虚线、点划线及双点划线的线段长度和间隔应相等，在图样中要显得匀称协调。

（2）点划线和双点划线实际为短划线、长划线，其首末两端应是长划线而不是短划线。点划线应超出相应图形轮廓线 2～5 mm，如图 A101.4-2 中 D1 所指。

（3）绘制圆的对称中心线时，圆心应为长划线的交点，如图 A101.4-2 中 C1 所指。在较小图形上绘制点划线或双点划线有困难时，可以用细实线代替，如图 A101.4-2 中 E1 所指。

（4）当虚线与虚线或其他图线相交时，应以线段相交，如图 A101.4-2 中 A1 所指。当虚线是粗实线的延长线时，其连接处应留有空隙，如图 A101.4-2 中 B1 所指。

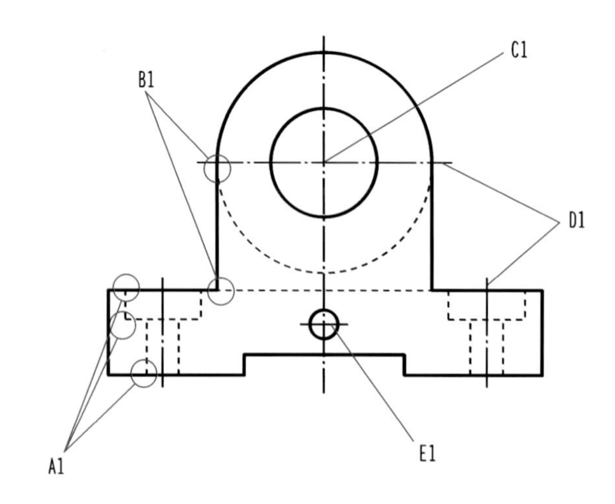

图 A101.4-2 注意事项示例

链接知识 A102 尺寸标注

1. 基本规则

(1) 图样(视图)中的尺寸,以毫米(mm)为单位。在标注尺寸数值时,无须再注明。但如采用其他单位时,则必须另加注明。

(2) 图样中所注尺寸的数值为机件的真实大小,与绘图比例及绘图的准确度无关。

(3) 每个尺寸一般只标注一次,并应标注在最能清晰反映该结构特征的视图上。

(4) 图中所注尺寸为零件完工后的尺寸,否则应另加说明。

2. 尺寸的要素

完整的尺寸,应包含以下四个尺寸要素。

1) 尺寸界线

尺寸界线的关键字是“界”,其用于限定该尺寸的范围,用细实线绘制,如图 A102-1 所示。尺寸界线应由轮廓线、轴线或对称中心线引出,也可用这些线代替。尺寸界线应超出尺寸线终端 2～3 mm。

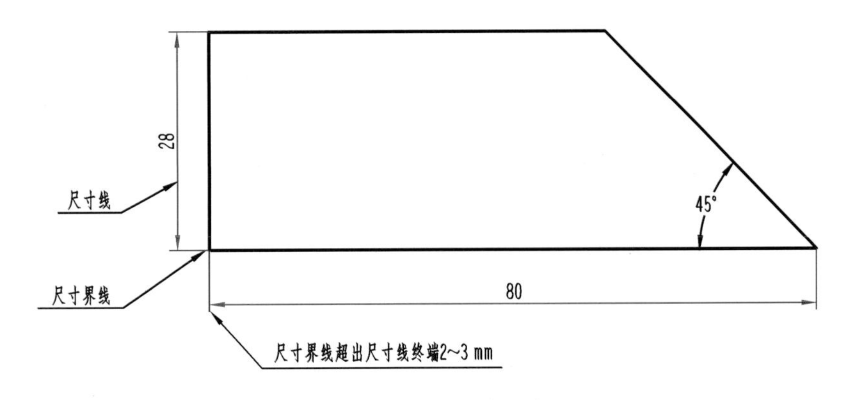

图 A102-1　尺寸的组成

2) 尺寸线

尺寸线位于尺寸界线之间,必须单独用细实线绘制,不能与其他图线重合或在其延长线上。标注线性尺寸时,尺寸线必须与所标注的线段平行,相同方向的各尺寸线间距要均匀,间隔范围为 5～10 mm,以便注写尺寸数字和相关符号。

3）尺寸线终端

尺寸线终端位于尺寸线的一端或两端。其形式有两种，箭头或细斜线。机械制图通常采用箭头表示，箭头尖端必须与尺寸界线接触，不得超出，也不得有空隙，如图A102-2(a)所示。建筑制图常采用细斜线作为尺寸线终端，画法如图 A102-2(b)所示。

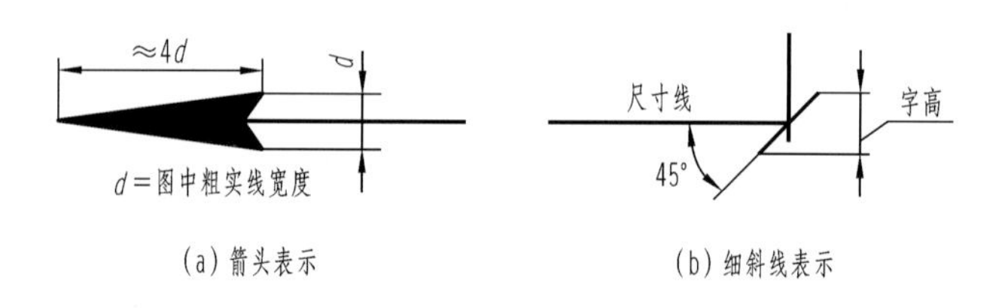

图 A102-2　尺寸线终端

4）尺寸数字

尺寸数字应按国家标准的要求认真书写。对于水平方向的尺寸，尺寸数字应标注在尺寸线的上方。对于垂直方向的尺寸，尺寸数字应标注在尺寸线的左方。尺寸数字不能与视图上任何图线重叠，否则必须将图线断开，写在中断处，如图 A102-3 所示。

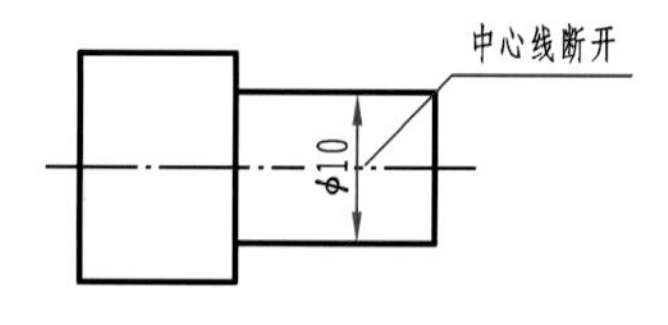

图 A102-3　尺寸数字不能与图线重叠

在标注某些尺寸时，需要在尺寸数字前添加常用符号和缩写词，以便区分不同的尺寸类型。ϕ16 表示直径为 16 mm 的圆柱，直径数字 16 前的字符 ϕ 即为缩写词，以下为常用符号和缩写词：

ϕ——直径

R——半径

S——球面

□——正方形

◁——锥度

∠——斜度

T——板状零件的厚度

C——45°倒角

3. 各类尺寸注法示例

标注线性尺寸时，尺寸线必须与所标注的线段平行。尺寸界线一般与尺寸线垂直。

线性尺寸的数字应按图 A102-4(a)中所示的方向注写，并尽可能避免在图示 30°的范围内标注尺寸，无法避免时，可采用图 A102-4(b)中所示的方法进行引出标注。

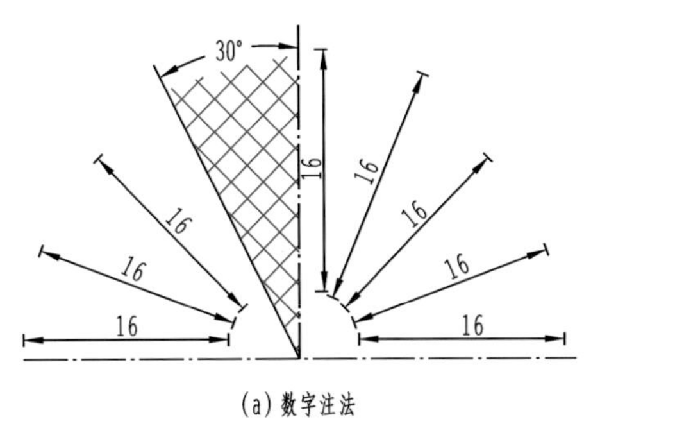

图 A102-4　线性尺寸的标注

链接知识 A101.5 常用绘图工具的使用

绘制图样时，若要保证绘图的准确性和提高绘图效率，必须正确使用各种绘图工具和仪器。常用的绘图工具有图板、丁字尺、三角板、圆规、分规、直线笔、曲线板等。制图用品包括铅笔、图纸、橡皮、胶带纸、铅笔刀等，在绘图前应把这些工具、仪器、用品准备齐全。下面介绍几种工具及用品的使用方法。

1. 图板与丁字尺

图板为绘图时用的垫板，要求其表面平坦且光滑。用作导边的左侧必须平直，以便丁字尺在导边处上下移动，绘制水平线，如图 A101.5-1(a)所示。再结合三角板，即可绘制垂直线及各种角度的图线，如图 A101.5-1(b)所示。图板有五种图号，使用时应选择与图幅大小一致的图板。绘图前应先将图纸用胶带纸固定在图板上，并用丁字尺校正图纸的平行度，如图 A101.5-1(c)所示。

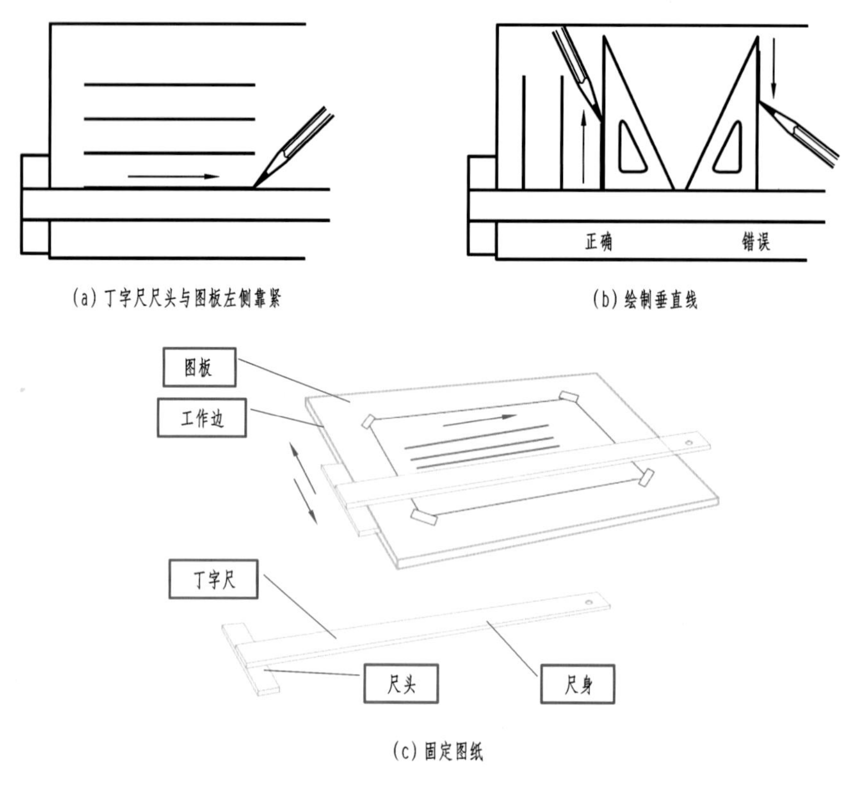

(a) 丁字尺尺头与图板左侧靠紧　　(b) 绘制垂直线

(c) 固定图纸

图 A101.5-1　图板与丁字尺的使用

2. 三角板

一副三角板有两块，一块为 45°三角板，另一块为 30°/60°三角板。三角板和丁字尺配合使用，可以绘制垂直线和 30°、45°、60°，以及 $n\times15°$的各种斜线。此外，利用一副三角板还可以绘制出已知直线的平行线或垂直线，如图 A101.5-2 所示。

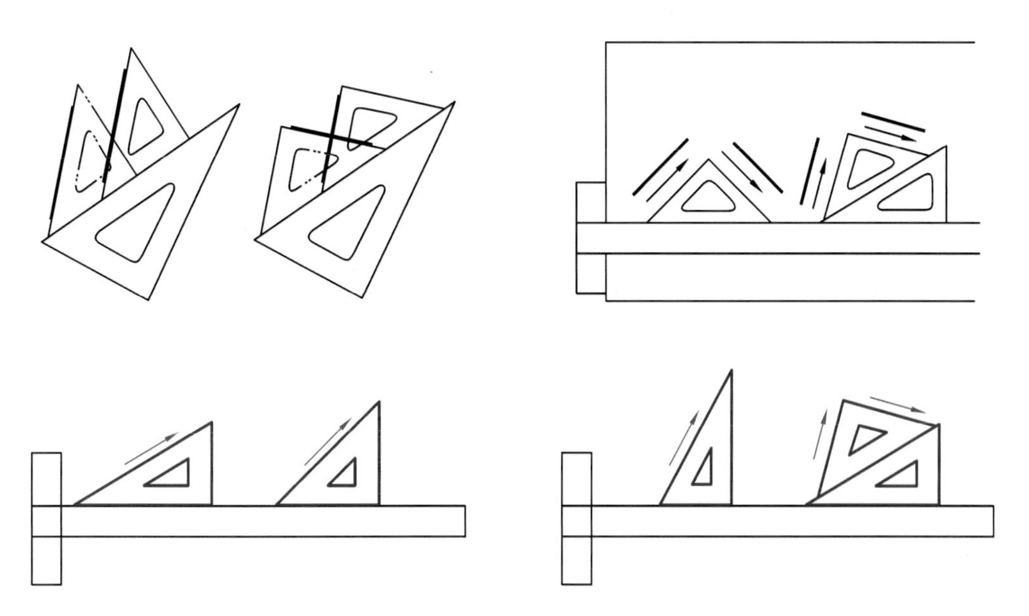

图 A101.5-2　三角板的使用

3. 铅笔

绘图使用的铅笔应有粗、细之分。通常铅芯有 B 和 H 之分，表示其软硬程度，绘图时要根据不同的使用要求，准备 B 或 2B 铅笔，用于绘制粗线型；准备 H 和 2H 铅笔，用于绘制细线型。

铅笔的切削应有利于其绘制线条，通常将 H 类铅笔削成锥形，用于绘制底稿中的细线型，而将 B 类铅笔削成楔形，用于加深粗实线或绘制轮廓线。铅笔的切削如图 A101.5-3 所示。

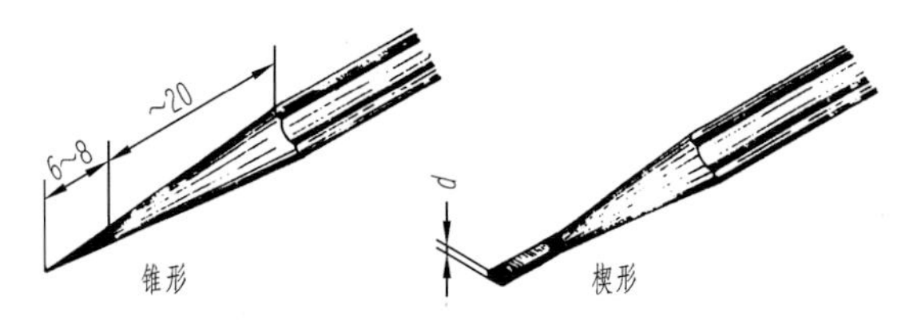

图 A101.5-3　铅笔的切削

链接知识 A204 基本几何体

1. 棱柱体

1）棱柱体的投影

棱柱由两个底面和若干侧棱面组成。侧棱面与侧棱面的交线为侧棱线，侧棱线之间相互平行。图 A204-1 所示的为六棱柱，如图示位置，六棱柱的两底面为水平面，在水平投影图中反映实形。前后两侧棱面是正平面，其余四个侧棱面是铅垂面，它们的水平投影都积聚成直线，与两底面六边形的边重合。

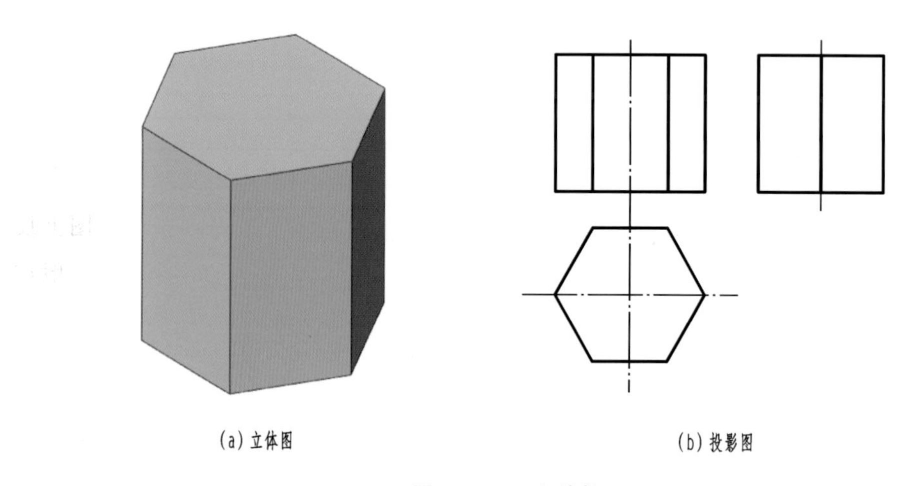

(a) 立体图　　(b) 投影图

图 A204-1　六棱柱

2）棱柱体表面取点

由于棱柱的表面都是平面，所以在棱柱的表面上取点与在平面上取点的方法相同。但是由于是立体表面的点，其投影会出现遮挡问题，即点的投影有可能被其他的平面遮挡，出现投影点不可见的现象。因此，在立体表面作出点的投影之后，需要对其作可见性判断，判断依据为：若点所在平面的投影可见，则该平面上点的投影也可见；反之，若点所在平面的投影不可见，则该平面上点的投影也不可见；此外，若平面的投影积聚成直线，则点的投影一般作可见处理。

如图 A204-2(a)所示，已知六棱柱表面 a、b 两点的正面投影，作出其 H、W 两面的投影。

分析：由正面投影的可见性分析，a 点落在左前位的侧棱面上，b 点落在最后的侧棱面上，由点的投影特性，先作出 a、b 两点的水平投影(水平投影面上所有的侧棱面均积聚成直线)，再作出侧面投影，作图过程如图 A204-2(b)所示。

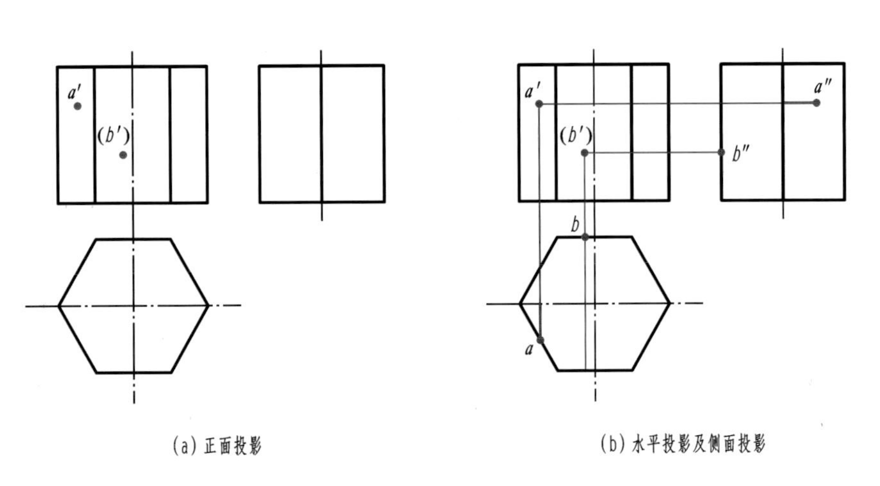

图 A204-2 棱柱体表面取点

2. 棱锥体

1) 棱锥体的投影

棱锥由一个底面和若干侧棱面组成。侧棱线交于有限远的一点——锥顶。图 A204-3 所示的为三棱锥，棱锥处于图示位置时，其底面 ABC 是水平面，在俯视图上反映实形。侧棱面 SAC 为侧垂面，在侧面投影中积聚成了直线。另两个侧棱面为一般位置平面。

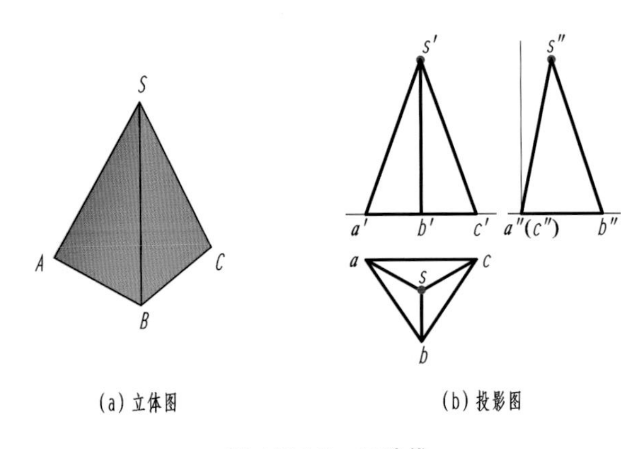

图 A204-3 三棱锥

2) 棱锥体表面取点

采用平面上取点的方法，即“面上取线，线上取点”的方法。

如图 A204-4(a)所示，已知三棱锥表面 n 点的正面投影，作出其 H、W 两面的投影。

分析:n 点落在属于一般位置的侧棱面 SBC 上,三面投影均无积聚性。采用平面上取点的方法来完成,作图步骤如下。

(1) 过 n 点的正面投影作辅助直线。

(2) 作出辅助线的水平投影。

(3) 根据已知 n 点的正面投影,作出其水平投影。

(4) 根据 n 点的两面投影,作出其侧面投影。

(5) 各投影点的可见性的判断:由于三个侧棱面的水平投影均可见,故 n 可见。而侧棱面 SBC 的侧面投影不可见,对 n 点的侧面投影 n'' 添加"()"表示其不可见。

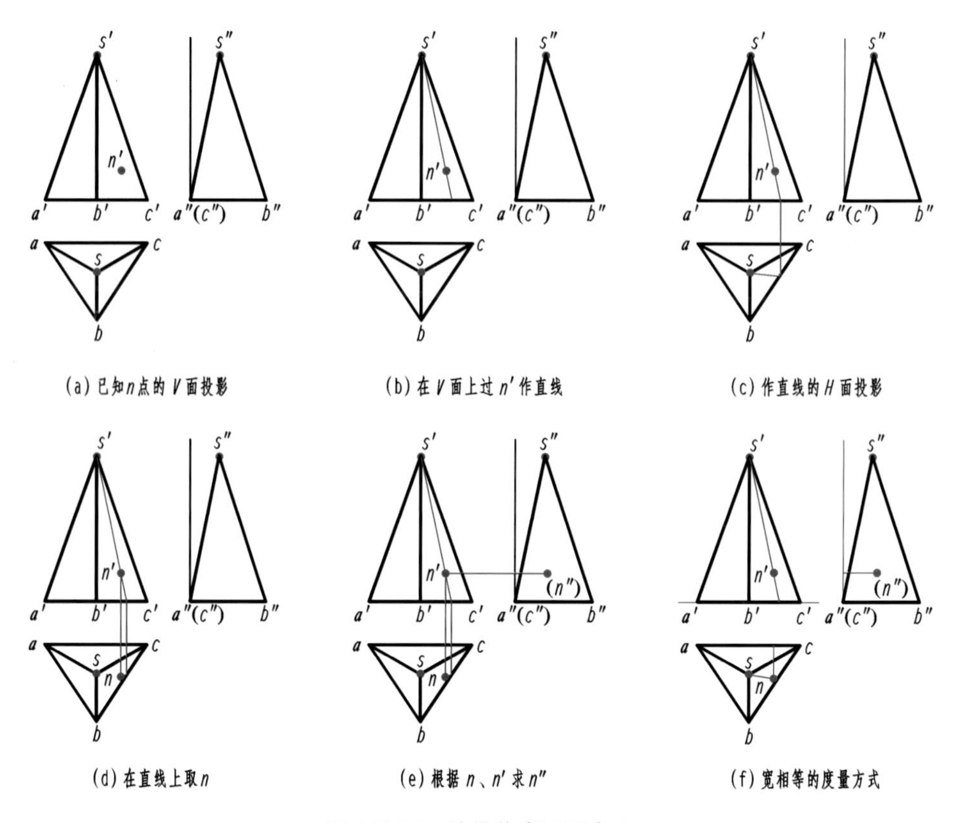

图 A204-4　棱锥体表面取点 1

应灵活运用"面上取线,线上取点"的方法,就"面上取线"而言,可以采用多种取线的形式。

如图 A204-5(a)所示,过侧棱面上的 k 点,取一条水平线,由于该水平线与底面直线 AB 平行,根据空间两平行直线的投影特性(若空间两直线平行,则它们的同面投影也一定平行")作所取直线的水平投影,如图 A204-5(b)所示。再在该直线上取点 k,最后同样根据"高平齐、宽相等"得出 k'',如图 A204-5(c)所示。

比较图 A204-4 与图 A204-5 的作图过程,后者的作图过程更显简便。因此,在作

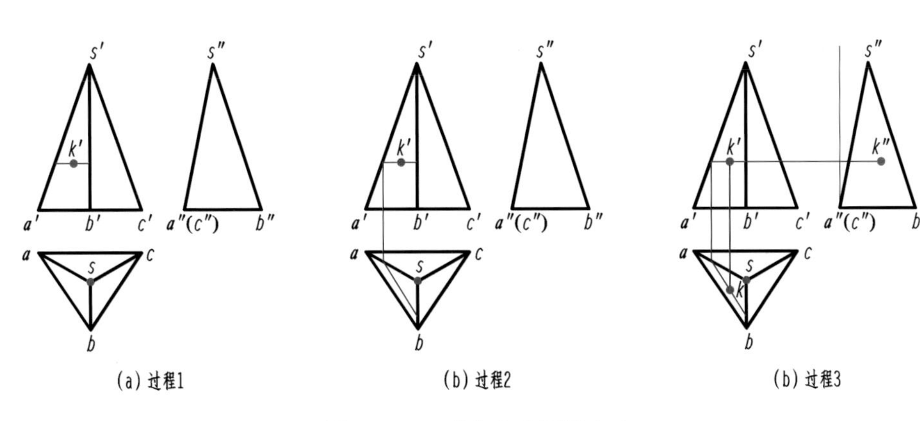

图 A204-5　棱锥体表面取点 2

图过程中应多观察、多思考。如果遇到平面上取点、取线，及需要先在平面上取辅助线时，建议尽量选取已知平面上直线的平行线，因为两平行线的作图步骤要比两相交直线的作图步骤简单。

链接知识 A101.1 图纸幅面及格式

1. 图纸幅面

图纸幅面即用于绘制工程图样的图纸，幅面的尺寸应严格按照国家标准选取。表A101.1-1中所示的即为国标所规定的基本幅面，例如A4的图幅尺寸为210 mm×297 mm；A3的图幅尺寸为297 mm×420 mm。从表中可以得出，A4图幅的长度尺寸是A3图幅的宽度尺寸，以此类推，可得图A101.1-1所示关系。这些幅面都是$\sqrt{2}$矩形，即这些幅面的长边与短边之比，都是$\sqrt{2}$，即 $L=\sqrt{2}B$。表中列出了常用的五种幅面，必要时还可以加大幅面，具体尺寸数据详见国家标准《技术制图》。

表 A101.1-1 图纸基本幅面尺寸 单位:mm

幅面代号	A0	A1	A2	A3	A4
$B\times L$	841×1189	594×841	420×594	297×420	210×297
a	25				
c	10			5	
e	20		10		

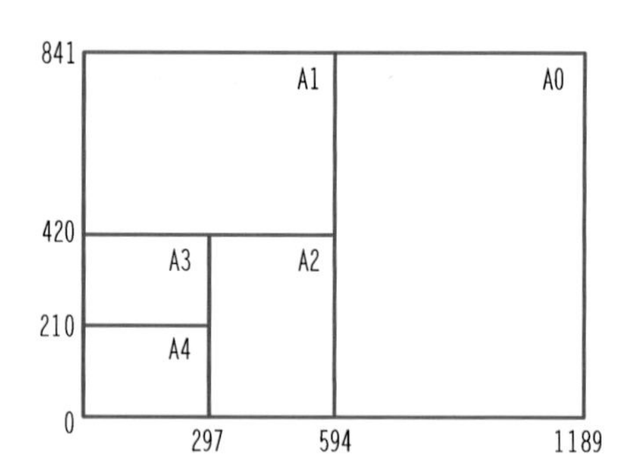

图 A101.1-1 各图幅号之间的长宽关系

2. 图框格式

图纸上限定绘图区域的线框称为图框，该图框即为图纸图幅。图框必须用粗实线绘制。其格式分为不留装订边和留有装订边两种，如图A101.1-2和图A101.1-3所示，同一产品的图样只能采用一种格式。

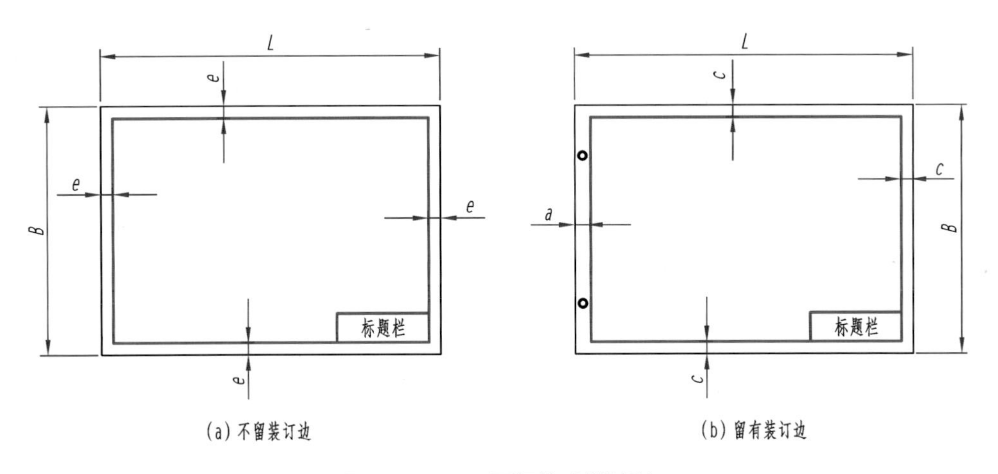

图 A101.1-2 图框格式(横用)

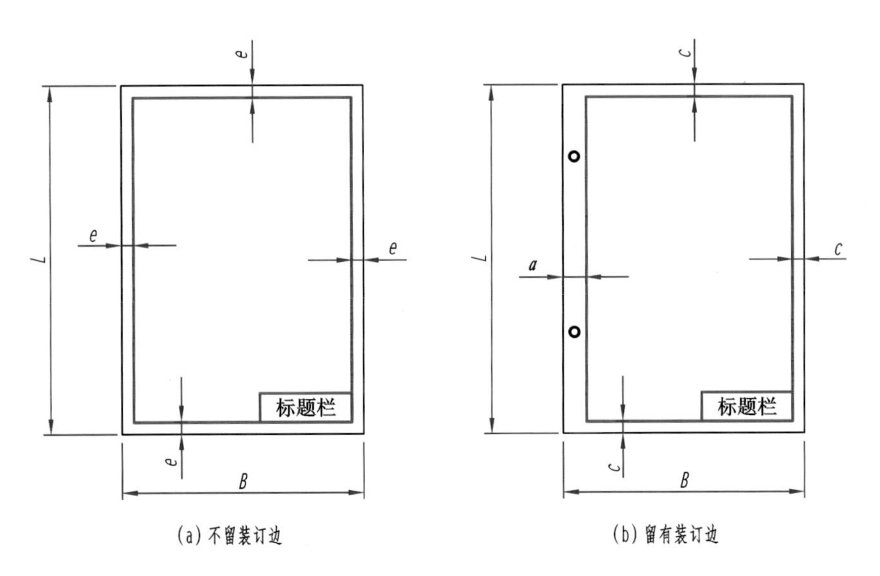

图 A101.1-3 图框格式(竖用)

3. 标题栏

标题栏是工程图样中必不可缺的信息栏目,其位于图纸的右下角,紧贴图符图框。标题栏的重点在于其填写的信息内容,如图 A101.1-4 所示。标题栏的格式与尺寸必须严格按照国标的要求绘制,如图 A101.1-5 所示。在本课程的制图作业中,可以采用简化标题栏。

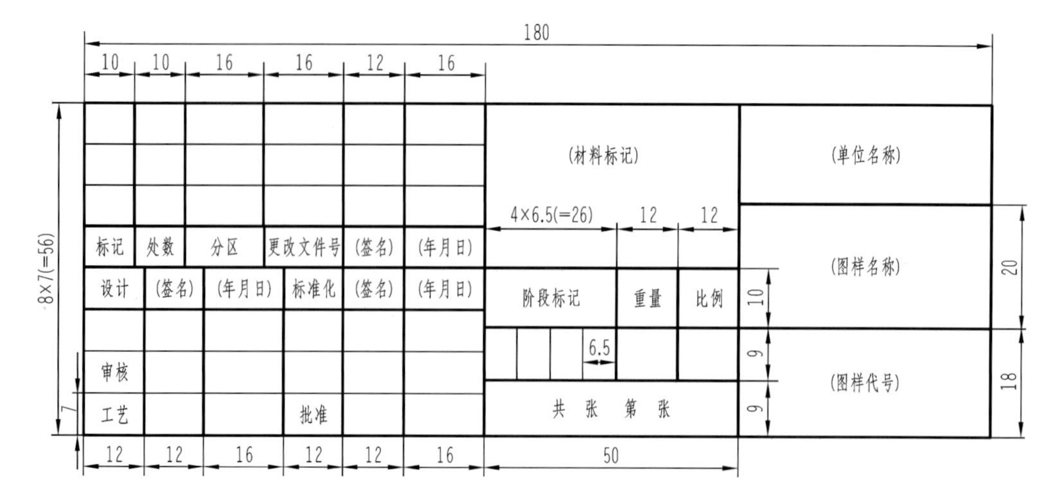

图 A101. 1-4　标题栏的尺寸与格式

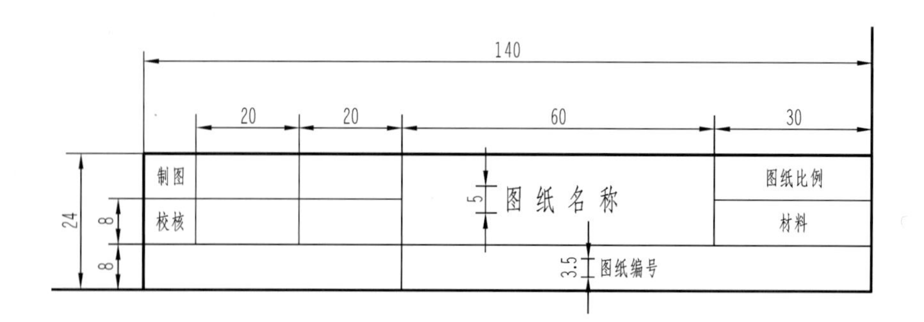

图 A101. 1-5　简化标题栏

链接知识 A101.3 字体

在图样中书写的汉字或数字等应字体工整、笔画清晰、间隔均匀、排列整齐；字体大小用字号表示，共有 8 种字号，分别为 1.8、2.5、3.5、5、7、10、14、20(mm)，字号即是字体的高度(用 h 表示)，字宽一般为 $h/\sqrt{2}\approx 0.7h$。如需要书写更大的字，其字体高度应按$\sqrt{2}$的比率递增。

1. 汉字

汉字应写成长仿宋体，并应采用国家正式公布推行的《汉字简化方案》中规定的简化字，汉字的高度 h(字号)不应小于 3.5 mm。不同的图幅应选择合适高度的字体，一般 A0 图幅采用 5 号字体，其余采用 3.5 号字体，且用作指数、分数、极限偏差、注角等的字母与数字，一般应选择小一号的字体。汉字书写示例如图 A101.3-1 所示。

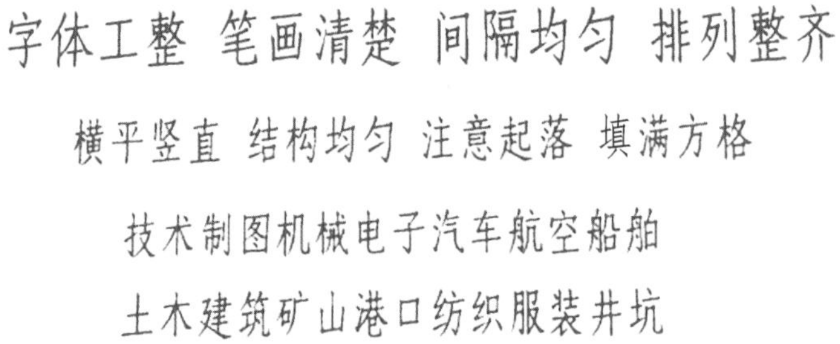

字体工整 笔画清楚 间隔均匀 排列整齐

横平竖直 结构均匀 注意起落 填满方格

技术制图机械电子汽车航空船舶

土木建筑矿山港口纺织服装井坑

图 A101.3-1 汉字书写示例

2. 字母和数字

数字和字母可写成斜体或直体，斜体字体向右倾斜，与水平基准线成 75°，如图 A101.3-2 所示。

1 2 3 4 5 6 7 8 9 0

ABCDEFGHIJKLMNOPQRSTUVWXYZ

abcdefghijklmnopqrstuvwxyz

I II III IV V VI VII VIII IX X

图 A101.3-2 字母和数字书写示例

链接知识 F101.1 台虎钳

台虎钳(简称虎钳,见图 F101.1-1)是用来夹持工件的,其规格以钳口的宽度来表示,有 100 mm、125 mm、150 mm 三种。

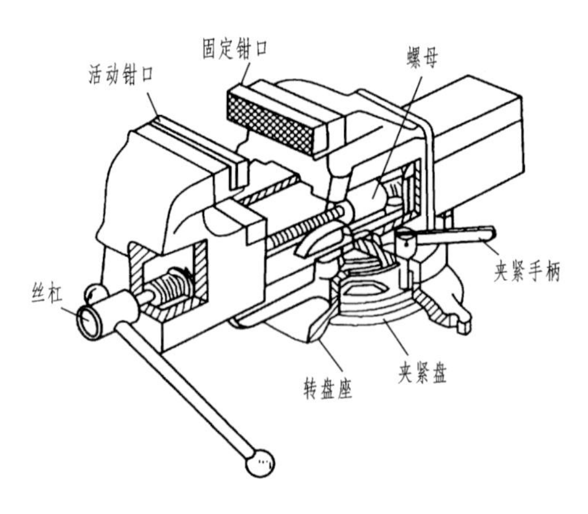

图 F101.1-1　台虎钳

虎钳的正确使用和维护方法如下。

(1) 虎钳必须正确、牢固地安装在钳台上。

(2) 工件应尽量装夹在虎钳钳口的中部,以使钳口受力均衡,夹紧后的工件应稳固可靠。

(3) 只能用手扳紧手柄来夹紧工件,不能用套筒接长手柄加力或用手锤敲击手柄,以防损坏虎钳零件。

(4) 不要在活动的钳身表面进行敲打,以免损坏与固定钳身的配合性能。

(5) 加工时,用力方向最好朝向固定钳身。

(6) 丝杆、螺母要保持清洁,经常加润滑油,以便提高其使用寿命。

链接知识 F101.2 钳台

钳工工作台也称为钳台，有单人用和多人用两种，一般用木材或钢材制成。

要求其平稳、结实，其高度为 800～900 mm，长和宽依工作需要而定。

钳口高度以恰好齐人手肘为宜，如图 F101.2-1 所示。钳台上必须装防护网，其抽屉可用来放置工具、量具。

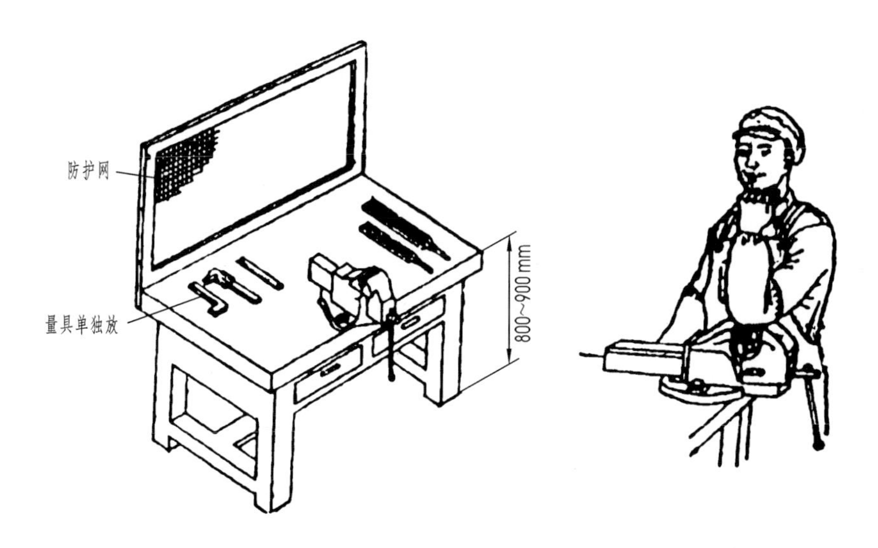

图 F101.2-1　钳台

链接知识 F401.1 锉刀

锉刀是用于锉削的主要工具(见图 F401.1-1),常用碳素工具钢 T12、T13 制成,并经热处理淬硬至 HRC62～67。它由锉刀面、锉刀边、锉刀舌、锉刀尾、木柄等部分组成。

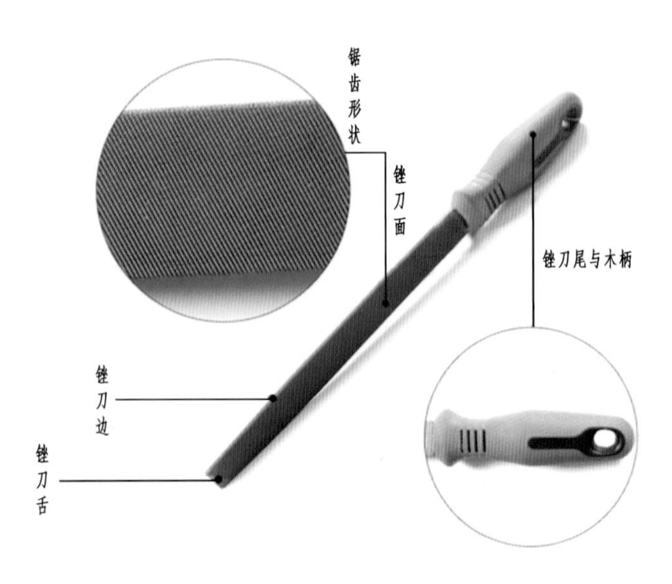

图 F401.1-1　锉刀

1. 锉刀的种类

按用途来分,锉刀可分为普通锉、特种锉和整形锉(什锦锉)三类。普通锉按其截面形状可分为平锉、方锉、圆锉、半圆锉及三角锉五种,如图 F401.1-2 所示。

按长度来分,锉刀可分为 100 mm、150 mm、200 mm、250 mm、300 mm、350 mm 及 400 mm 的。按齿纹来分,锉刀可分为单齿纹锉刀、双齿纹锉刀。按齿纹粗细来分,锉刀可分为粗齿锉刀、中齿锉刀、细齿锉刀、粗油光(双细齿)锉刀、细油光锉刀五种。

整形锉主要用于精细加工及修整工件上难以机加工的细小部位,它由若干把具有各种截面形状的锉刀组成,如图 F401.1-3 所示。

特种锉用于加工零件上的特殊表面,它有直的、弯曲的两种,其截面形状很多,如图 F401.1-4 所示。

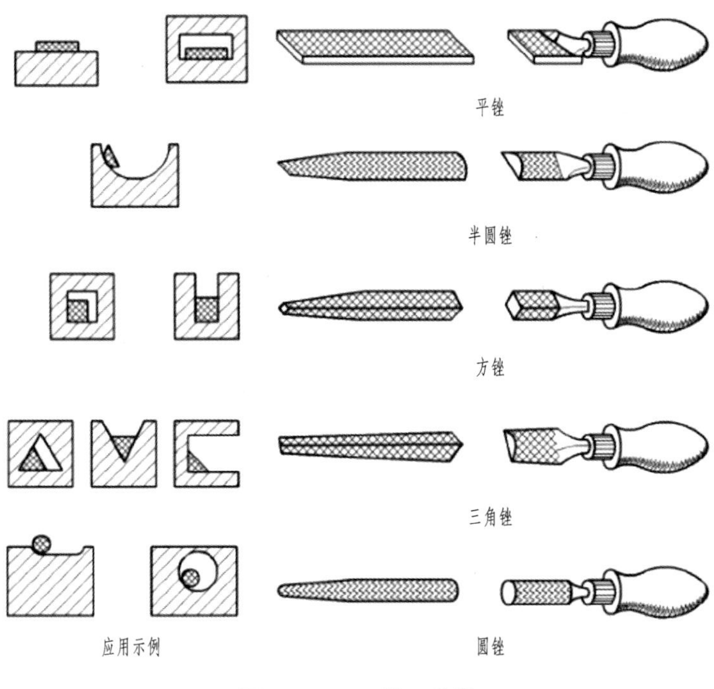

图 F401.1-2　锉刀种类

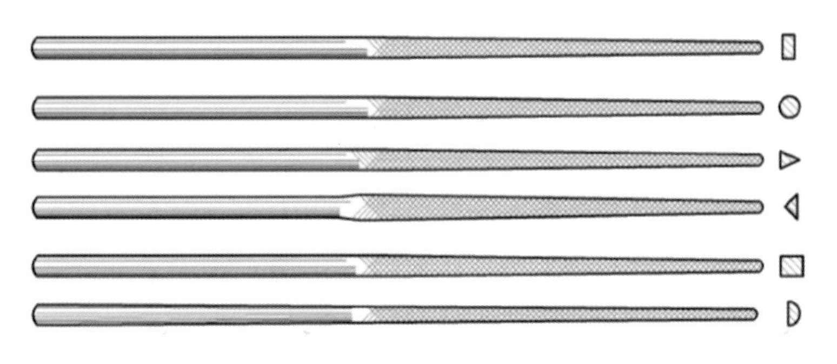
图 F401.1-3　整形锉

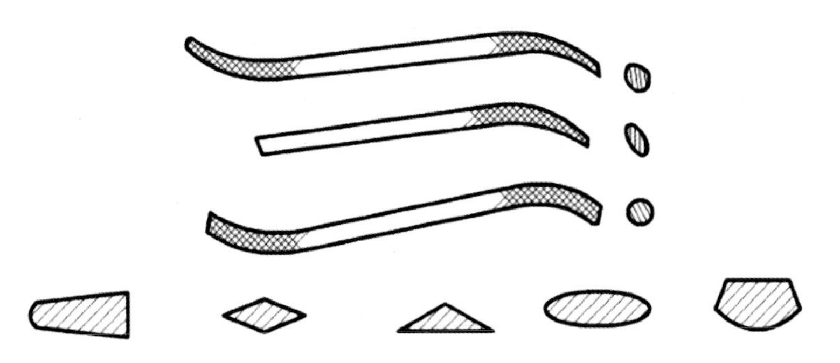
图 F401.1-4　特种锉

2. 锉刀的选用

合理选用锉刀对保证加工质量、提高工作效率、延长锉刀使用寿命有很大的影响。锉刀的选用原则是：根据工件形状和加工面的大小选择锉刀的形状和规格；根据材料软硬、加工余量、精度和粗糙度要求选择锉刀齿纹的粗细。

链接知识 F402.1 基本锉削方法

1. 锉刀的握法

（1）大锉刀的握法。右手心抵着锉刀木柄的端头，大拇指放在锉刀木柄的上面，其余四指弯在下面，配合大拇指捏住锉刀木柄。左手根据锉刀大小和用力的轻重，可选择多种姿势，如图 F402.1-1 所示。

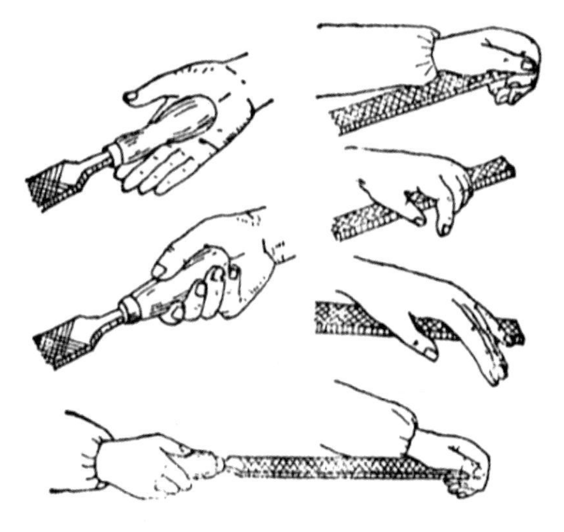

图 F402.1-1　大锉刀的握法

（2）中锉刀的握法。右手握法与大锉刀的相同，左手用大拇指和食指捏住锉刀前端，如图 F402.1-2 所示。

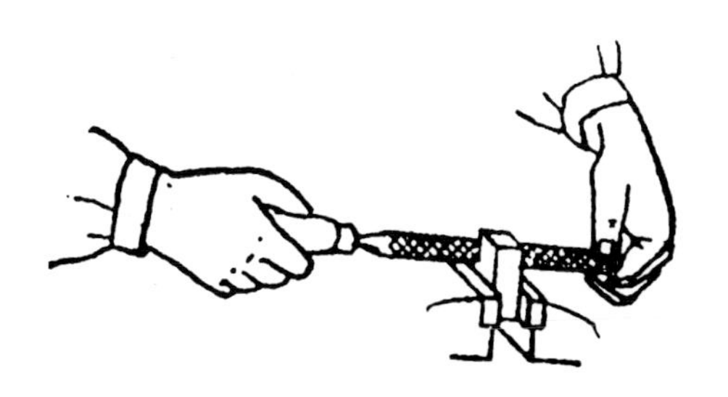

图 F402.1-2　中锉刀的握法

(3) 小锉刀的握法。右手食指伸直，拇指放在锉刀木柄上面，食指靠在锉刀的刀边，左手几个手指压在锉刀中部，如图 F402.1-3 所示。

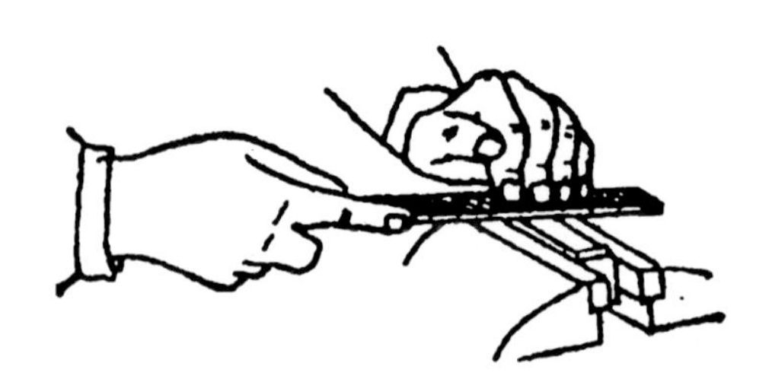

图 F402.1-3　小锉刀的握法

(4) 更小锉刀(什锦锉)的握法。一般只用右手拿着锉刀，食指放在锉刀上面，拇指放在锉刀的左侧，如图 F402.1-4 所示。

图 F402.1-4　更小锉刀(什锦锉)的握法

2. 锉削姿势

锉削时，两脚站稳不动，靠左膝的屈伸使身体做往复运动，手臂和身体的运动要互相配合，并要充分利用锉刀全长。开始锉削时，身体要向前倾 10°左右，左肘弯曲，右肘向后，如图 F402.1-5(a)所示。

锉刀推出 1/3 的行程时，身体向前倾斜 15°左右，如图 F402.1-5(b)所示，这时左腿稍弯曲，左肘稍直，右臂向前推。

锉刀推出 2/3 的行程时，身体逐渐倾斜到 18°左右，如图 F402.1-5(c)所示。

左腿继续弯曲，左肘渐直，右臂向前使锉刀继续推进，直到推尽，身体随着锉刀的反作用退回到 15°位置，如图 F402.1-5(d)所示。行程结束后，把锉刀略微抬起，使身体与手回复到开始时的姿势，如此反复。

正确使用锉削力，是锉削的关键。锉削力有水平推力和垂直压力两种。

推力主要由右手控制，其大小必须大于切削阻力才能锉去切屑。

压力是由两手控制的，其作用是使锉齿深入金属表面。

两种压力的大小不断变化，使两手压力对工件中心的力矩相等，这是保证锉刀平直运动的关键。方法是：随着锉推进，左手压力应逐渐由大变小，右手压力则应逐渐由小变大，在中间时两者相等，如图 F402.1-6 所示。

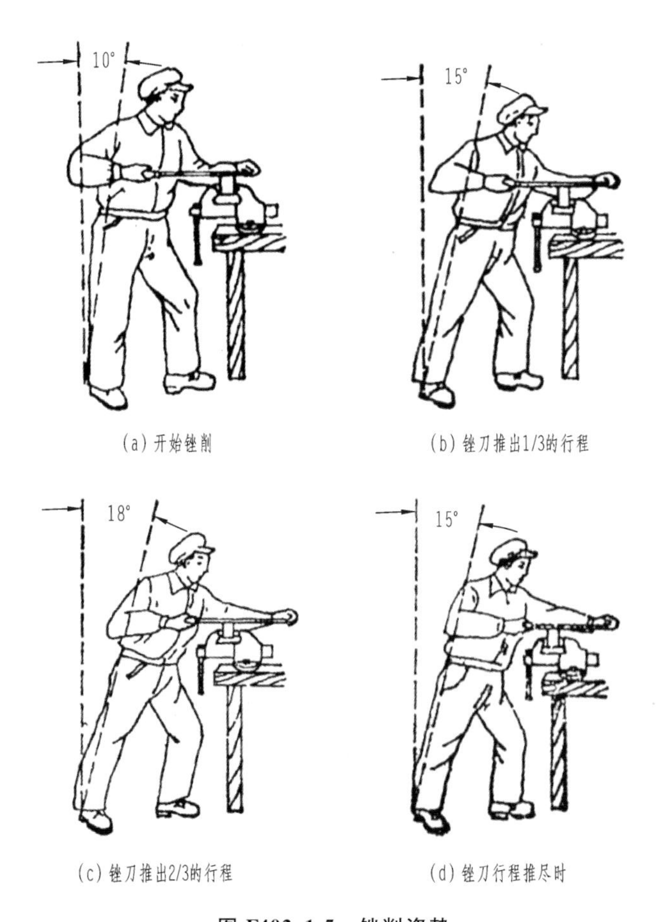

图 F402. 1-5　锉削姿势

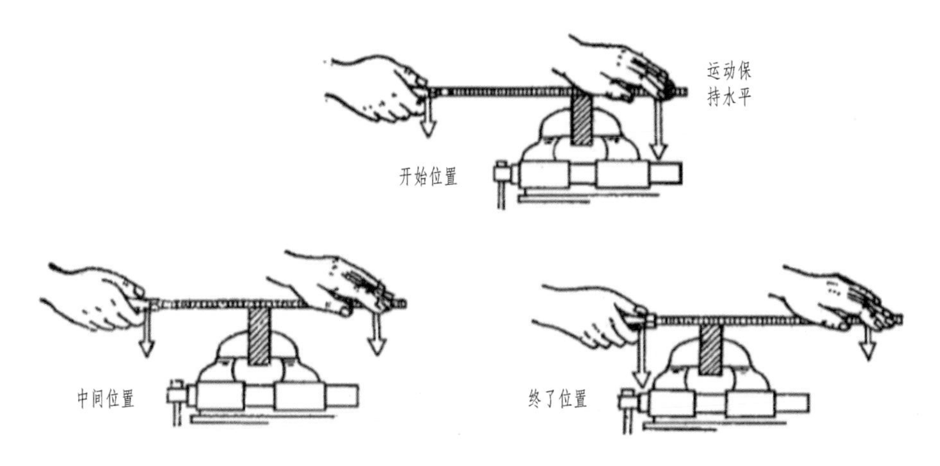

图 F402. 1-6　锉削力的运用方法

锉削时，对锉刀的总压力不能太大，因为锉齿存屑空间有限，压力太大只能使锉刀磨损加快。但压力也不能过小，过小会使锉刀打滑，达不到切削目的。一般是以在向前推进时手上有一种韧性感觉为适宜。

锉削速度一般为每分钟 30～60 次。太快，操作者容易疲劳，且锉齿易磨钝；太慢，则切削效率低。

3. 平面锉削

平面锉削是最基本的锉削方式，常用的方法有三种，即顺向锉法、交叉锉法及推锉法。

顺向锉法：锉刀沿着工件表面横向或纵向移动，锉削平面可得到正直的锉痕，比较整齐美观。适用于锉削小平面和最后修光工件，如图 F402.1-7 所示。

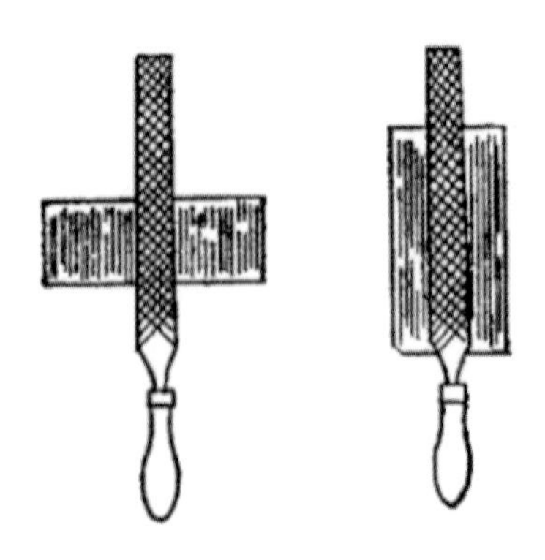

图 F402.1-7　顺向挫法

交叉锉法：以交叉的两方向顺序对工件进行锉削。由于锉痕是交叉的，容易判断锉削表面的不平程度，因而也容易把表面锉平。交叉锉法去屑较快，适用于平面的粗锉，如图 F402.1-8 所示。

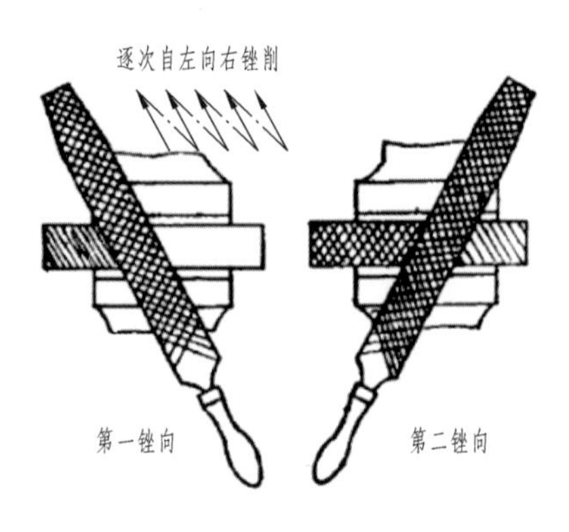

图 F402.1-8　交叉锉法

推锉法。两手对称地握住锉刀，用两个大拇指推锉刀进行锉削。这种方法适用于较窄表面且已经锉平、加工余量很小的情况，以修正尺寸和减小表面粗糙度，如图F402.1-9所示。

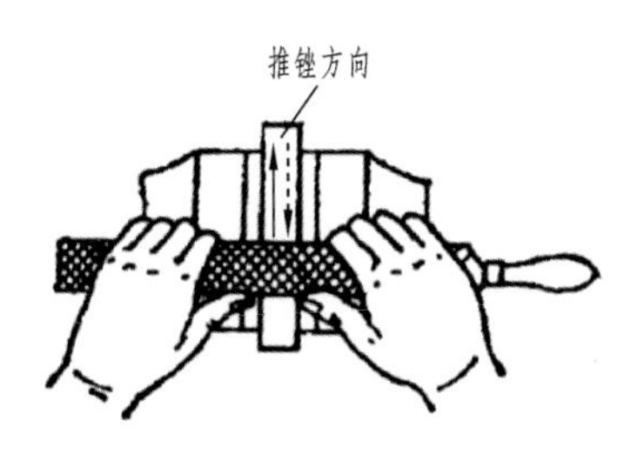

图 F402.1-9　推锉法

链接知识 C401.9 直角尺

1. 角尺

角尺是一种专业量具，角尺测量为比较测量法，公称角度为 90°，故角尺又称为直角尺，可用于检测工件的垂直度及工件相对位置的垂直度，有时也用于划线。其适用于机床与机械设备及零部件的垂直度检验、安装加工定位、划线等，是机械行业中的重要测量工具，特点是精度高、稳定性好、便于维修。按结构不同，其可分为平样板角尺、宽底座样板直角尺、圆柱角尺，如图 C401.9-1 所示。

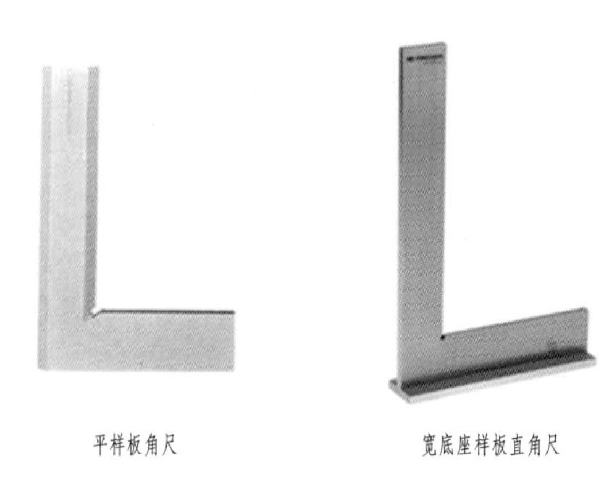

图 C401.9-1 角尺

2. 测量原理

使用角尺检验工件时，当角尺的测量面与被检验面接触后，即松手，让角尺靠自身的重量保持其基面与平板接触，如图 C401.9-2(a)、(b)所示。图 C401.9-2(c)所示的是用手轻轻按压角尺的下基面，使其上基面与被检验的一个面接触。

确定被检验角数值：测量时，如果角尺的测量面与被检验面完全接触，根据光隙的大小可判定被检验角的数值。若无光隙则说明被检验角的角度为 90°；若有光隙则说明被检验角的角度不等于 90°。

3. 操作要点

(1) 00 级和 0 级 90°角尺一般用于检验精密量具；1 级 90°角尺用于检验精密工件；2 级 90°角尺用于检验一般工件。

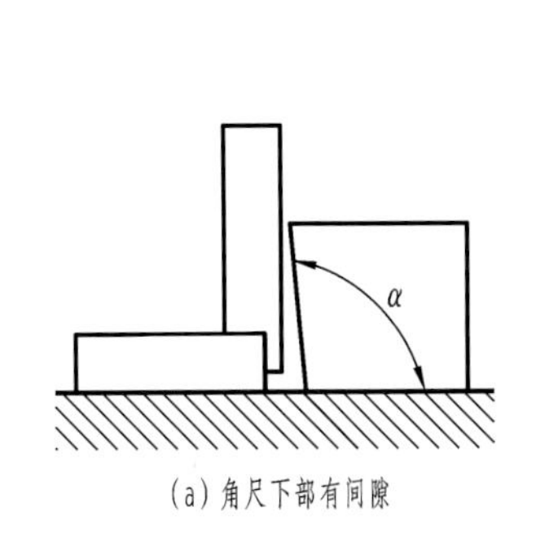

(a) 角尺下部有间隙

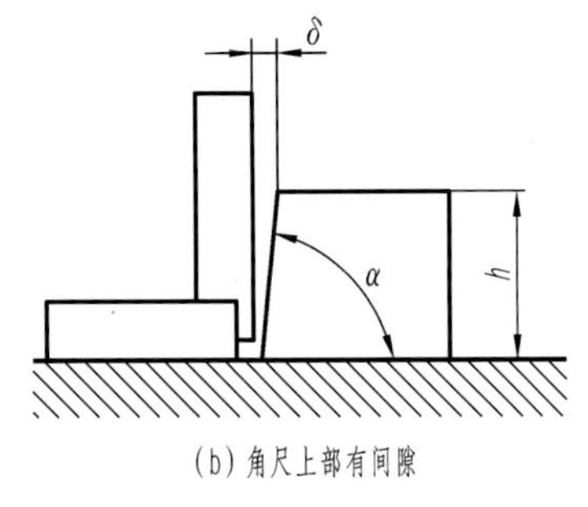

(b) 角尺上部有间隙

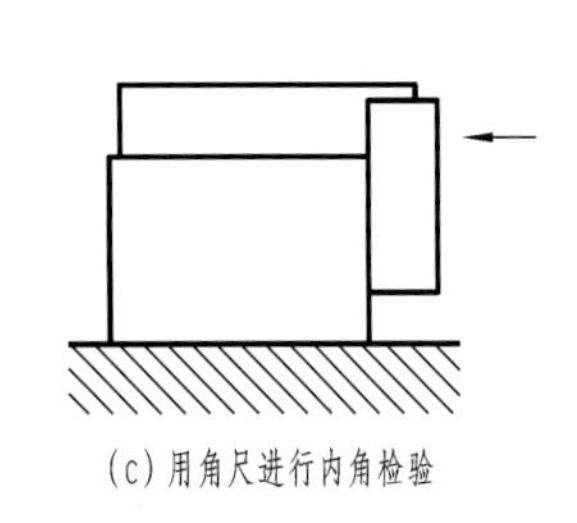

(c) 用角尺进行内角检验

图 C401.9-2　角尺检验直角

（2）使用前，应先检查各工作面和边缘是否被碰伤。将直角尺工作面和被检验工作面擦净。

（3）使用时，将 90°角尺放在被检验工件的工作面上，用光隙法来鉴别被检验工件的角度是否正确，检验工件外角时，必须使直角尺的内边与被检验工件接触，检验内角时，则应使直角尺的外边与被检验工件接触。

（4）测量时，应注意角尺的安放位置，不能歪斜。

（5）在使用和安放工作边较大的 90°角尺时，尤其应注意防止弯曲变形。

（6）为求得精确的测量结果，可将 90°角尺翻转 180°再测量一次，取两次度数的算术平均值作为测量结果，可消除角尺本身带来的偏差。

链接知识 F202.1 钢直尺划线

钢直尺是最简单的长度量具，它有 150 mm、300 mm、500 mm 和 1000 mm 四种规格的。图 F202.1-1 所示的是常用的 150 mm 钢直尺。

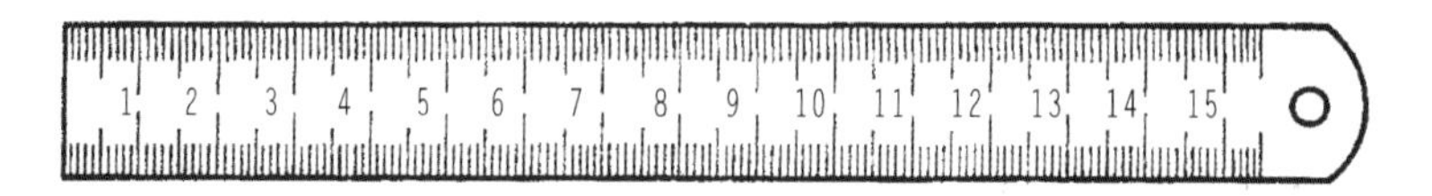

图 F202.1-1　钢直尺

钢直尺用于测量零件的尺寸，它的测量结果不太准确。这是由于钢直尺的刻线间距为 1 mm，而刻线本身的宽度就有 0.1～0.2 mm，所以测量时读数误差比较大，只能读出毫米数，即它的最小读数值为 1 mm，比 1 mm 小的数值，只能估计而得。钢直尺的使用方法如图 F202.1-2 所示。

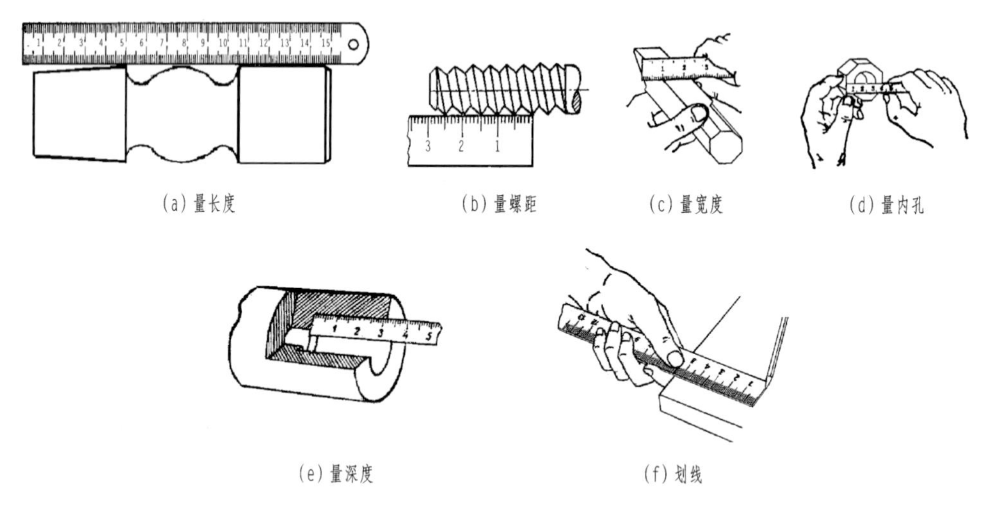

(a) 量长度　(b) 量螺距　(c) 量宽度　(d) 量内孔

(e) 量深度　(f) 划线

图 F202.1-2　钢直尺的使用方法

如果用钢直尺直接去测量零件的直径尺寸（轴径或孔径），测量精度较差，其原因是：钢直尺本身读数误差较大，且钢直尺无法正好放在零件直径的正确位置。所以，测量零件直径时，可以将钢直尺和内外卡钳配合使用。

链接知识 F302.1　基本锯削方法

1. 锯削定义

锯削是用手锯对材料或工件进行分割的一种切削加工过程，其工作范围包括：分割各种材料或半成品、锯掉工件上多余的部分，以及在工件上开槽，如图 F302.1-1 所示。

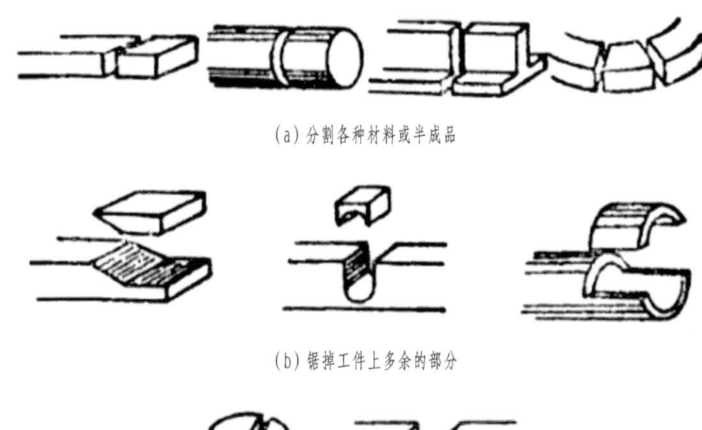

(a) 分割各种材料或半成品

(b) 锯掉工件上多余的部分

(c) 在工件上开槽

图 F302.1-1　锯削

2. 锯削工具

锯削加工时所用的工具为手锯，它主要由锯弓和锯条组成。

锯弓用来安装并张紧锯条，分为固定式的和可调式的，如图 F302.1-2 所示。固定式锯弓只能安装一种锯条，而可调式锯弓可通过调节安装距离安装各种长度、规格不同的锯条。

锯条由碳素工具钢或合金钢制成，并经过热处理淬硬。常用的手工锯条长 300 mm，宽 12 mm，厚 0.8 mm。

从图 F302.1-3 中可以看出，锯齿排列呈左右错开状，人们称之为锯路。其可防止在锯削时使锯条夹在锯缝中，同时可以减少锯削时的阻力和便于排屑。

锯齿的粗细通过锯条上每 25 mm 长度内的齿数来表示，14～18 齿为粗齿，24 齿为

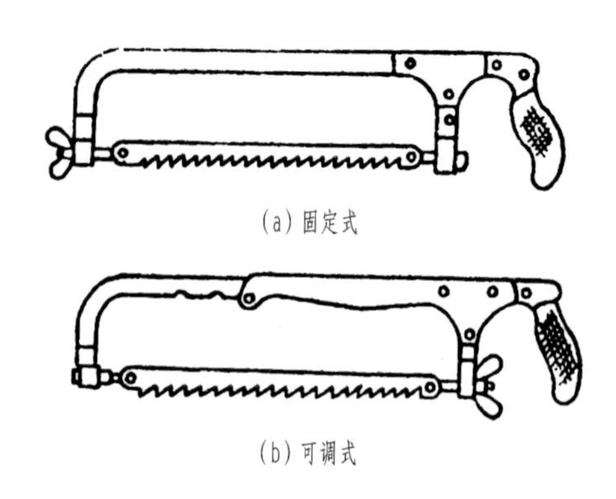

图 F302.1-2　锯弓

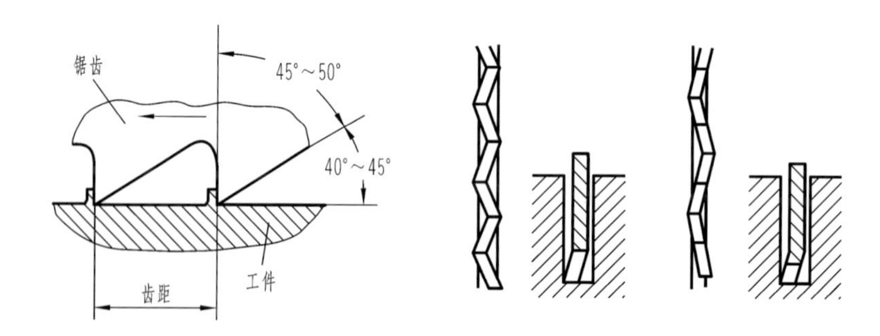

图 F302.1-3　锯条

中齿，32 齿为细齿。其中，粗齿锯条用于加工软材料或厚材料；中等硬度的材料应选用中齿锯条；锯削硬材料或薄材料时一般选用细齿锯条。

3. 锯条的安装

安装锯条时松紧要适当，过松或过紧都容易使锯条在锯削时折断。因手锯是在向前推进时进行切削，而在向后返回时不起切削作用，因此安装锯条时一定要保证齿尖的方向朝前。

4. 起锯

起锯是锯削工作的开始，起锯的好坏直接影响锯削质量的优劣。

起锯的方式有远边起锯和近边起锯两种，一般情况下采用远边起锯方式，因为此时锯齿逐步切入材料，不易被卡住，且起锯比较方便。

如采用近边起锯方式，若掌握不好，由于锯齿突然锯入且锯入较深，容易被工件棱边卡住，甚至崩断或崩齿。

无论采用哪一种起锯方法，起锯角 α 都以 15°为宜，如起锯角太大，则锯齿易被工件棱边卡住；如起锯角太小，则不易切入材料，锯条可能会打滑，把工件表面锯坏。

为了使起锯平稳,位置准确,可用左手大拇指挡住锯条来定位。起锯时压力要小,往返行程要短,速度要慢,这样可使起锯平稳,如图 F302.1-4 所示。

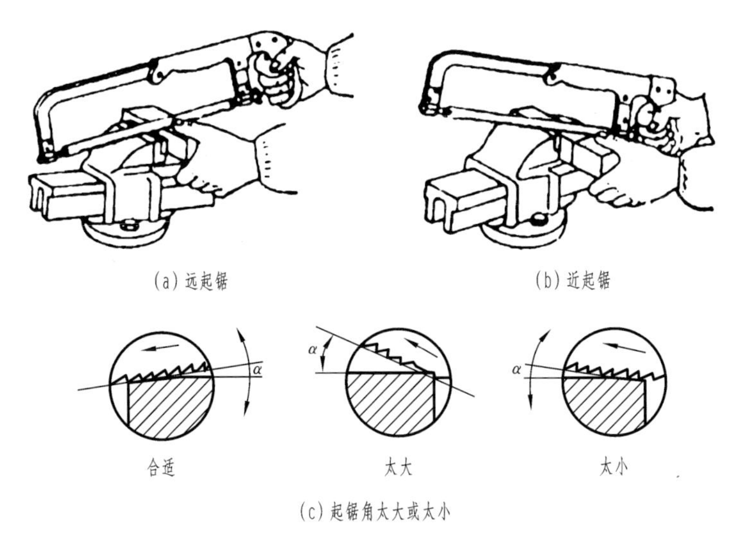

图 F302.1-4　起锯

5. 锯削姿势

锯削时的站立姿势如图 F302.1-5 所示,人体重量均分在两腿上。右手握稳锯柄,左手扶在锯弓前端,锯削时推力和压力主要由右手控制。

推锯时锯弓的运动方式有两种:一种是直线运动,适用于要求锯缝底面平直的槽和薄壁工件的锯削;另一种是锯弓做上、下摆动,这样的操作自然,两手不易疲劳。

因手锯在回程中不进行切削,故此时不必施加压力,以免磨损锯齿。

在锯削过程中,若锯齿崩落,则应将邻近几个齿都磨成圆弧,才可继续使用,否则会造成连续崩齿直至锯条报废,如图 F302.1-6 所示。

锯削薄板材时,板材容易产生颤动、变形或将锯齿钩住等,因此,一般采用图 F302.1-7 中的方法,将板材夹在虎钳中行锯削,使锯条与薄板接触的齿数多一些,手锯靠近钳口,采用斜推锯法,避免钩齿现象产生。也可将薄板夹在两木板中间,再夹入虎钳中,同时锯削木板和薄板,这样可增加薄板的刚性,不易产生颤动或钩齿。

6. 注意事项

锯条要装得松紧适当,锯削时不要突然用力过猛,防止工件中锯条折断从锯弓上崩出伤人。

工件要夹持牢固,以免造成工件松动、锯缝歪斜、锯条折断。

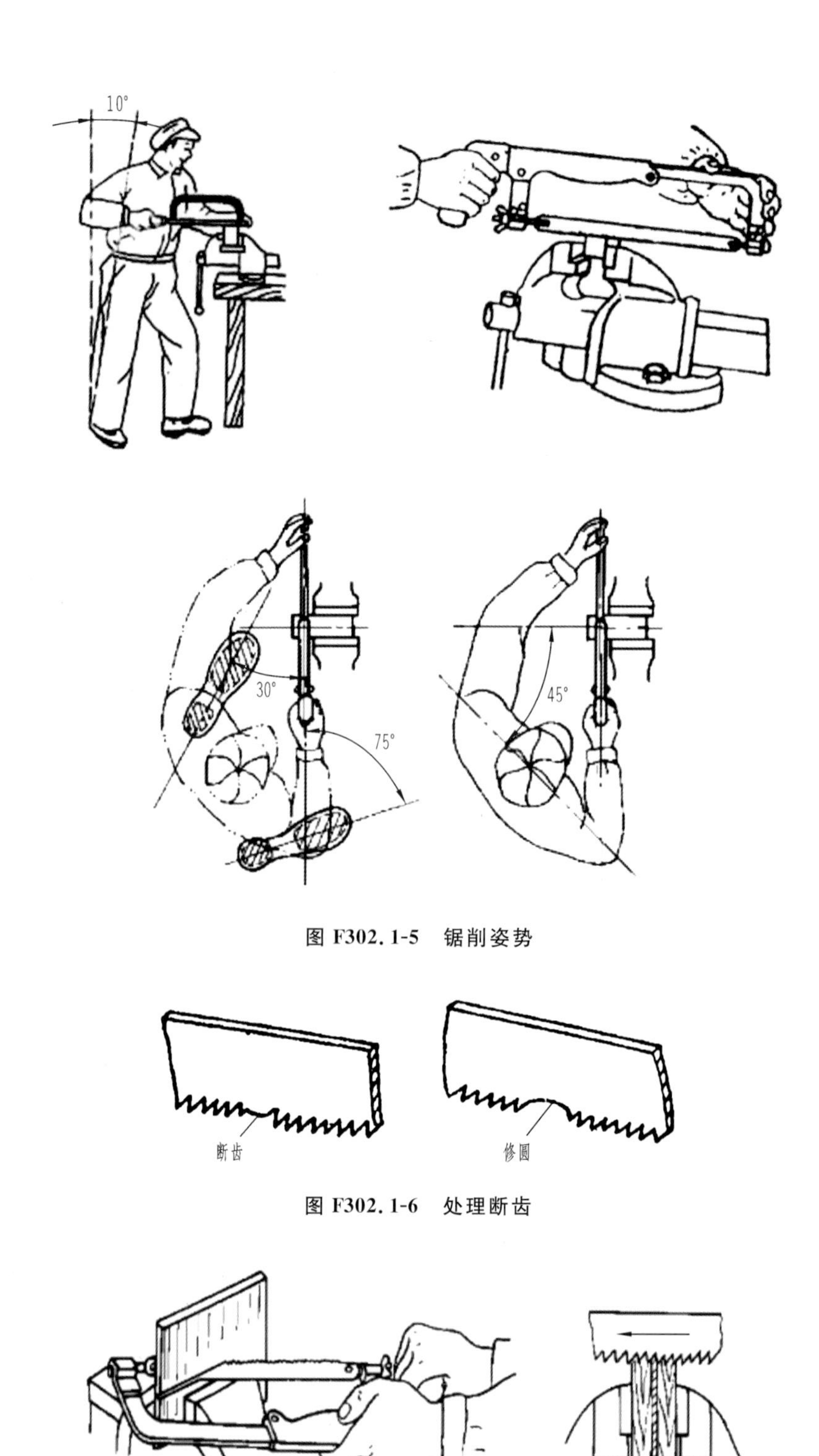

图 F302.1-5　锯削姿势

图 F302.1-6　处理断齿

图 F302.1-7　锯削薄板材示意图

要经常注意锯缝的平直情况，如发现歪斜应及时纠正。若歪斜过多，纠正困难，则不能保证锯削的质量。

工件将锯断时压力要小，避免压力过大使工件突然断开，使手向前冲造成事故。一般工件将锯断时要用左手扶住工件断开部分，以免落下伤脚。

在锯削钢件时，可加些机油，以减少锯条与工件的摩擦，提高锯条的使用寿命。

链接知识 C401.2 游标卡尺

1. 普通游标卡尺

游标卡尺是比较精密的量具，游标和尺身相互配合可进行测量和读数，其主要用于测量工件的外径、内径尺寸。游标卡尺结构简单、使用简单、测量范围大、应用广泛、保养方便，带深度尺的游标卡尺还可用于测量工件的深度尺寸，如图 C401.2-1 所示。

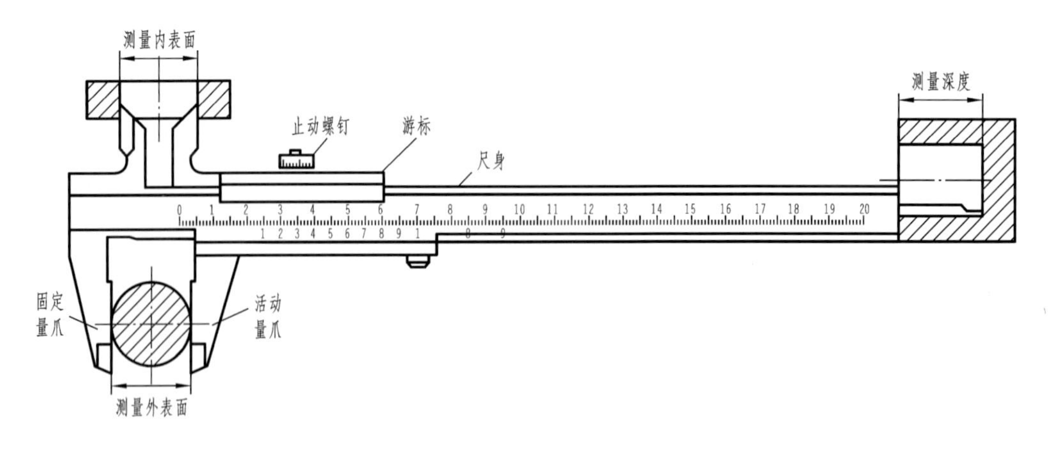

图 C401.2-1 游标卡尺

(1) 刻线原理。

精度为 0.05 mm 的游标卡尺的刻线原理如图 C401.2-2(a)所示，主尺上每一格的长度为 1 mm，副尺总长度为 39 mm，并等分为 20 格，每格长度为 39 mm/20＝1.95 mm，则 2 格主尺和 1 格副尺的长度之差为 0.05 mm，所以其精度为 0.05 mm。

精度为 0.02 mm 的游标卡尺的刻线原理如图 C401.2-2(b)所示，主尺上每一格的长度为 1 mm，副尺总长度为 49 mm，并等分为 50 格，每格长度为 49 mm/50＝0.98 mm，则 1 格主尺和 1 格副尺的长度之差为 0.02 mm，所以其精度为 0.02 mm。

(2) 读数方法。

对于普通游标卡尺，首先读出游标副尺零刻线以左主尺上的整毫米数，再看副尺上从零刻线开始第几条刻线与主尺上某一刻线对齐，其游标刻线数与精度的乘积就是不足 1 mm 的小数部分，最后将整毫米数与小数相加就是测得的实际尺寸。游标卡尺读数方法示意如图 C401.2-3 所示。

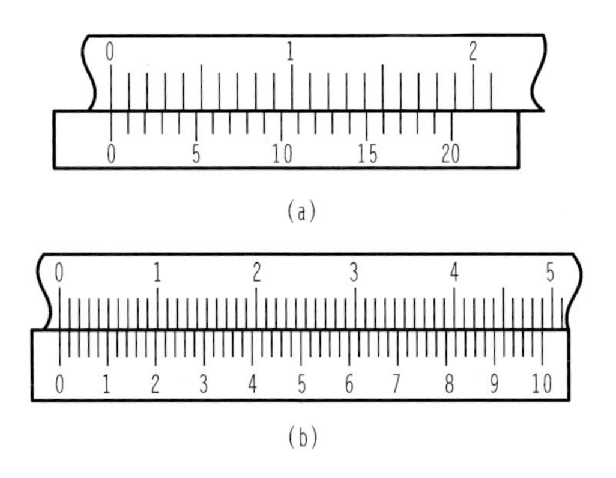

(a)

(b)

图 C401.2-2　游标卡尺刻线

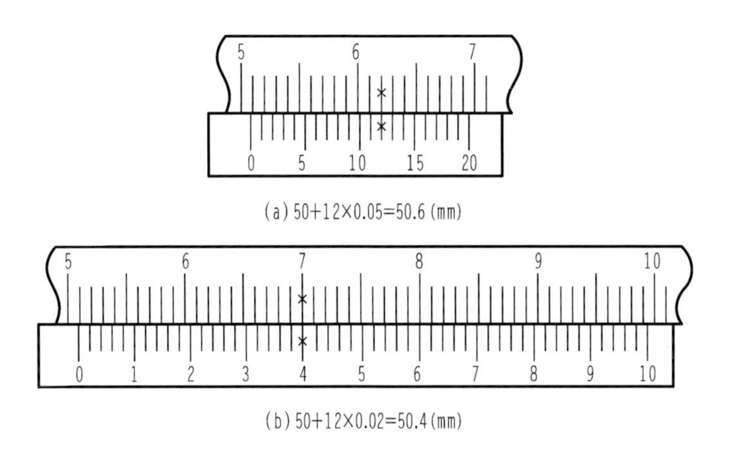

(a) 50+12×0.05=50.6(mm)

(b) 50+12×0.02=50.4(mm)

图 C401.2-3　刻度读数

带表游标卡尺用表式机构代替游标读数，测量准确。使用带表游标卡尺的方法与使用普通游标卡尺的方法相同，从指示表上读取尺寸的小数值，与主尺整数相加即为测量结果。

数显游标卡尺使用液晶显示屏显示数值，使用者可直接读取测量结果，其使用方便。

(3) 操作要点。

① 测量前应将游标卡尺擦拭干净，检查量爪贴合后主尺与副尺的零刻线是否对齐。

② 测量时，应先拧松紧固螺钉，移动游标不能用力过猛。两量爪与待测物的接触不宜过紧。不能使被夹紧的物体在量爪内挪动。

③ 测量时，应拿正游标卡尺，避免歪斜，保证主尺与所测尺寸线平行。

④ 测量深度时，游标卡尺主尺的端部应与工件表面接触平齐。

⑤ 读数时，视线应与尺面垂直，避免视线误差的产生。如需固定读数，可用紧固螺钉将游标固定在尺身上，防止滑动。

⑥ 实际测量时，对同一长度应多测几次，取其平均值来消除偶然误差。

⑦ 用完后，应将其平放入盒内。如较长时间不使用，应用汽油将其擦洗干净，并涂一层薄的防锈油。卡尺不能放在磁场附近，以免使其磁化，影响正常使用。

2. 带表游标卡尺

如图 C401. 2-4 所示，带表游标卡尺运用齿条传动齿轮带动指针显示数值，主尺上有大致的刻度，可结合指示表读数，其读数比游标卡尺更为准确，使用更加便捷，常见规格有 0～150 mm、0～200 mm、0～300 mm。

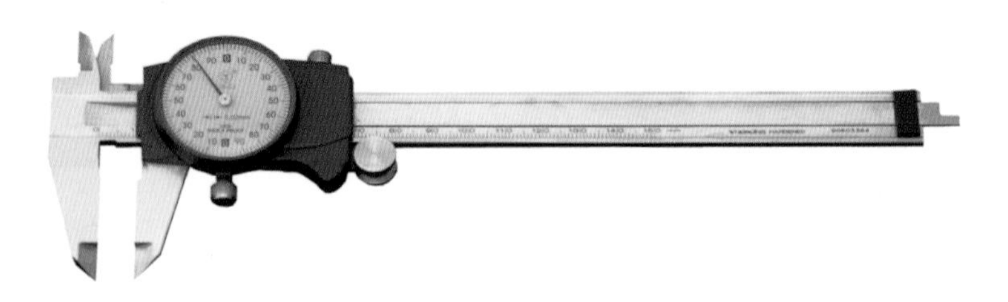

图 C401. 2-4　带表游标卡尺

（1）带表游标卡尺的结构如图 C401. 2-5 所示。

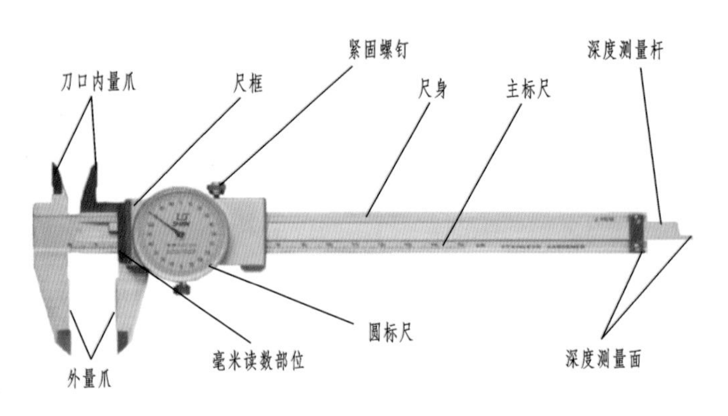

图 C401. 2-5　带表游标卡尺的结构

（2）使用说明。

① 使用前应将尺身擦干净，然后拉动尺框，使其沿尺身滑动灵活、平稳，不得时紧时松或出现卡涩。用紧固螺钉固定尺框后读数不应发生变化。

② 检查零位。轻推尺框，使两测量爪的测量面合拢，检查两测量面的接触情况，不得有明显的漏光现象，并且表盘指针应指向 0，同时应检查尺身与尺框是否在零刻度线

处对齐。

③ 测量时，用手慢慢推动和拉动尺框，使量爪与被测零件表面轻轻接触，然后轻轻晃动游标卡尺，使其接触良好。使用时操作者应掌握好力度，不得用力过大，以免影响精度。

④ 测量外形尺寸时，应先将卡尺活动量爪张开，使工件能自由放入两量爪之间，然后将固定量爪贴靠在工件表面上，用手移动尺框，使活动量爪紧密贴在工件表面上。注意：测量时工件两端面与量爪不得倾斜。

⑤ 测量内径尺寸时，应将两刀口内量爪分开且距离小于被测尺寸，放入被测孔内后再移动尺框内量爪使其与工件内表面紧密接触，之后进行读数。注意：测量内孔尺寸时量爪应在工件两端孔的直径位置处，且不得歪斜。

⑥ 读数时，带表游标卡尺应水平拿着，使视线正对刻度线表面，然后按读数方法仔细辨认指示位置，以便读出，以免因视线不正，造成读数误差。

(3) 读数方法。

读数时，先读主尺上的值，再读表盘上的值。当主尺上面的值为偶数时，读表盘上右半圈的数值；当主尺上面的值为奇数时，读表盘上左半圈的数值。

如图 C401.2-6 所示，主尺上的值为 4 mm，为偶数，表盘上读数取右半圈数值，每一小格为 0.02 mm，表盘上读数为 0.66 mm，总数值为 4.66 mm。

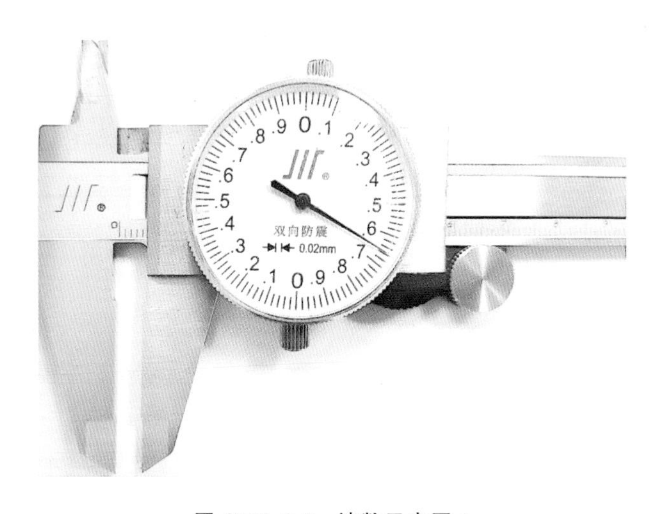

图 C401.2-6　读数示意图 1

如图 C401.2-7 所示，主尺上的值为 5 mm，为奇数，表盘上读数取左半圈数值，每一小格为 0.02 mm，表盘上读数为 0.94 mm，总数值为 5.94 mm。

(4) 注意事项 。

① 带表游标卡尺容易损坏，应轻拿轻放，避免猛烈的推拉和磕碰。

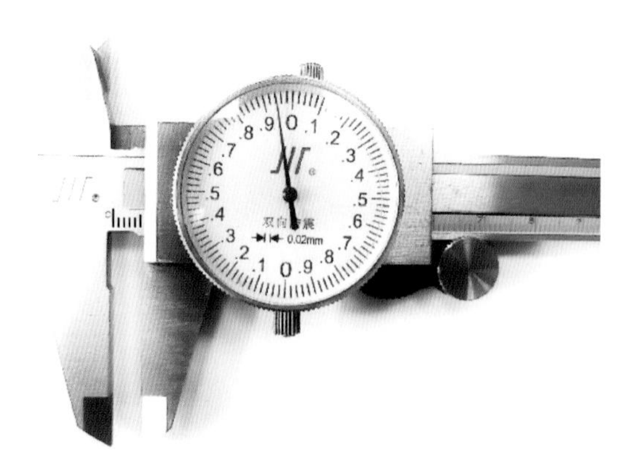

图 C401.2-7　读数示意图 2

② 保持卡尺测量面、齿条和其他传动部分的清洁、润滑。测量后应随即合上量爪，以防灰尘、切屑等物损坏齿条。

③ 卡尺移动框应平稳，应避免其快速移向尾端或跌落。不要将卡尺放在磁性物体上。若发现卡尺带磁性，应及时消磁后再使用。

④ 使用完后将卡尺放在卡尺盒内或规定位置处，不能将其与工件、刀具等放在一起。

3. 中心距游标卡尺

中心距游标卡尺采用游标读数原理，可将右测杆相对于左测杆的位移直接转换为所测两孔的中心距尺寸，其用于同一平面和偏置平面上的孔的中心到中心距离的测量，常见的有机械式的、带表的和电子式的，常见的测杆直径有 5 mm、10 mm 和 20 mm，如图 C401.2-8 所示。

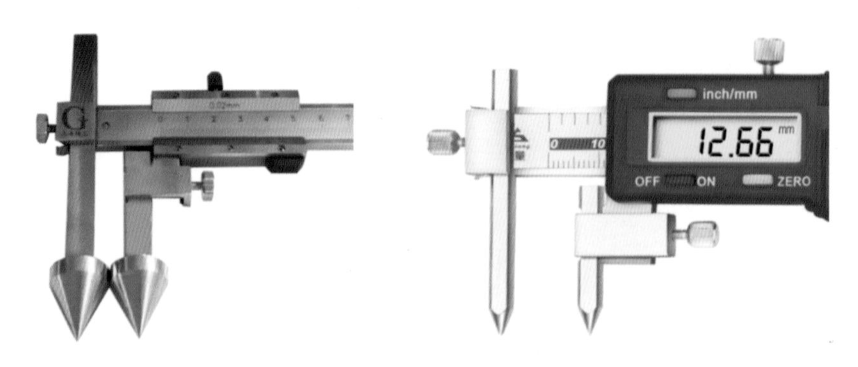

(a) 机械式和电子式中心距游标卡尺

图 C401.2-8　中心距游标卡尺

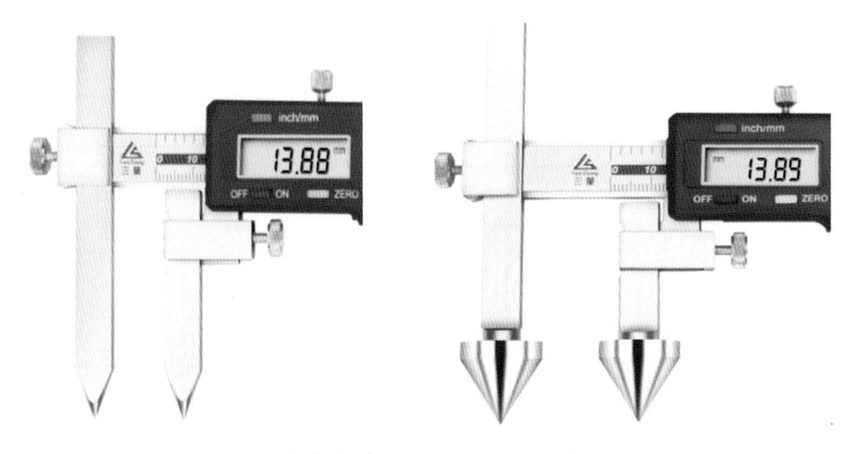

(b) 测杆直径为10 mm和20 mm的中心距游标卡尺

续图 C401. 2-8

(1) 中心距游标卡尺的结构如图 C401. 2-9 所示。

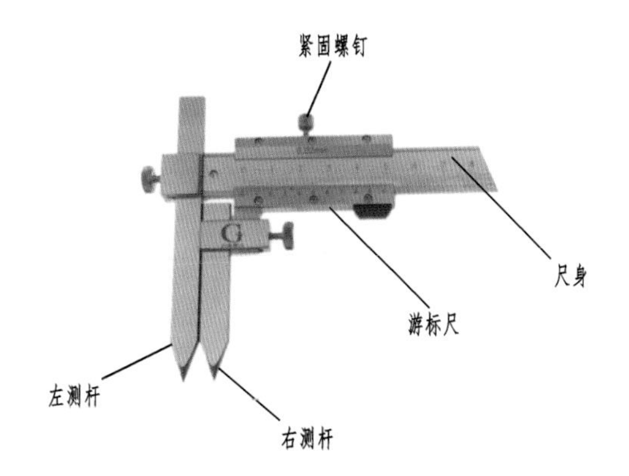

图 C401. 2-9　中心距游标卡尺的结构

(2) 使用说明。

① 调整左测杆的高低,移动尺框进行测量。

② 可用于测量直径大于 1 mm 的孔的中心距 。

③ 可用于测量平面与孔中心之间的距离,如图 C401. 2-10 所示。

(3) 读数方法与注意事项与游标卡尺的相同。

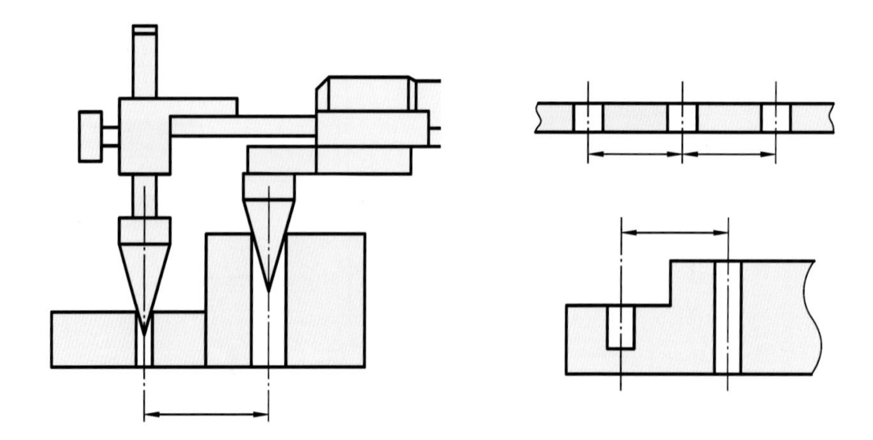

图 C401.2-10 测量示意图

链接知识 C401.3 高度游标卡尺

高度游标卡尺如图 C401.3-1 所示，其用于测量零件的高度和进行精密划线。其具备质量较大的基座和固定量爪，尺框通过横臂上下移动。尺框内装有用于测量高度和划线的量爪，量爪的测量面上镶有硬质合金，可提高量爪的使用寿命。高度游标卡尺应在平台上进行测量工作。当量爪的测量面与基座的底平面位于同一平面时，如在同一平台平面上，则主尺与游标的零线应相互对准。因此，在测量高度时，量爪测量面的高度就是被测量零件的高度尺寸，具体数值可通过主尺（整数部分）和游标（小数部分）读出。用高度游标卡尺划线时，应调好划线高度，用紧固螺钉把尺框锁紧后，应在平台上先进行调整，再进行划线。

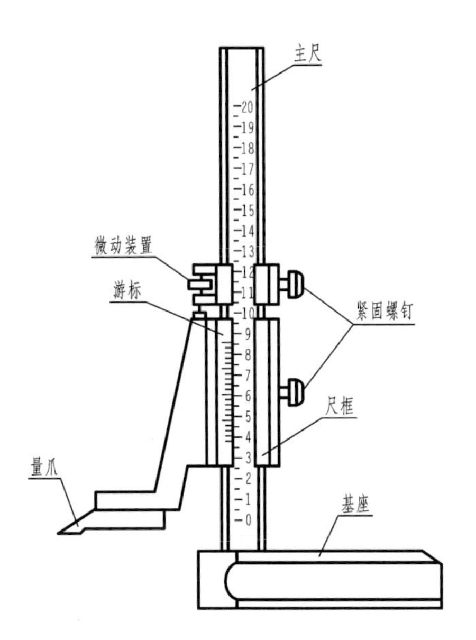

图 C401.3-1　高度游标卡尺

链接知识 C401.8 游标万能角度尺

游标万能角度尺是适用于机械加工中的内、外角度测量及角度划线，其可测 0°～320°的外角和 40°～130°的内角。

游标万能角度尺分Ⅰ型和Ⅱ型(见图 C401.8-1)，其中，精度为 2′的Ⅰ型游标万能角度尺应用较广。

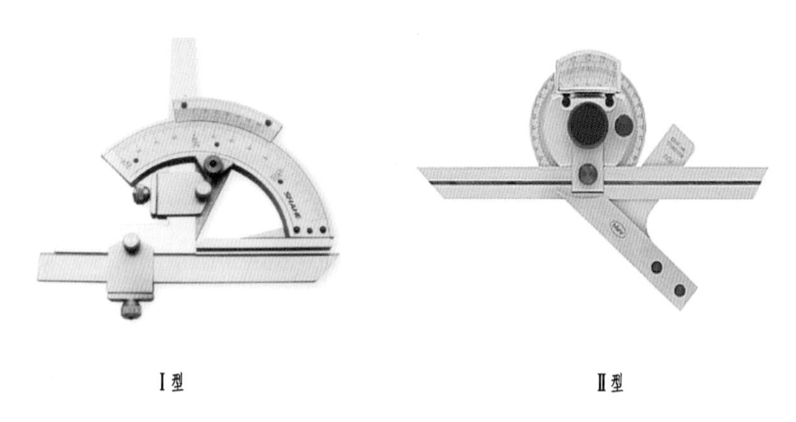

图 C401.8-1　游标万能角度尺

不同型号的游标万能角度尺的测量范围及精度见表 C401.8-1。

表 C401.8-1　游标万能角度尺规格(GB/T 6315-2008)

型　　号	测量范围	游标分度值
Ⅰ型	0°～320°	2′,5′
Ⅱ型	0°～360°	5′

Ⅰ型游标万能角度尺结构如图 C401.8-2 所示。

1. 刻线原理

游标 2′万能角度尺的刻线原理如下。角度尺尺身刻线每格为 1°，游标共有 30 个格，等分 29°/30＝58′，尺身 1 格和游标 1 格之差为 2′，因此其测量精度为 2′。

2. 读数方法

游标万能角度尺读数方法与游标卡尺的类似，先从尺身上读出游标零刻线前的整度数，再从游标上读出角度数，两者相加就是被测工件的度数值，如图 C401.8-3 所示。

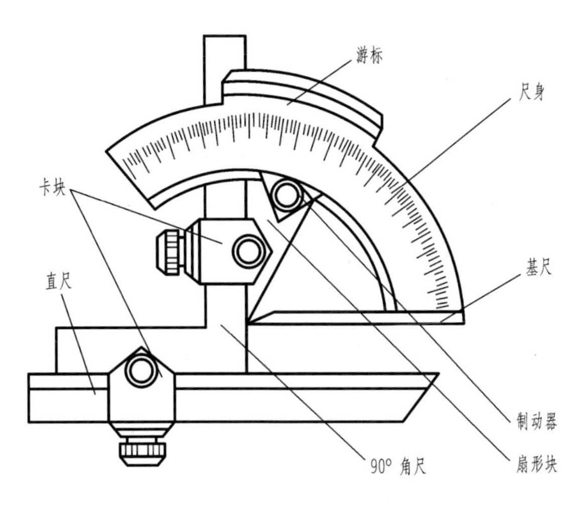

图 C401.8-2　Ⅰ型游标万能角度尺结构

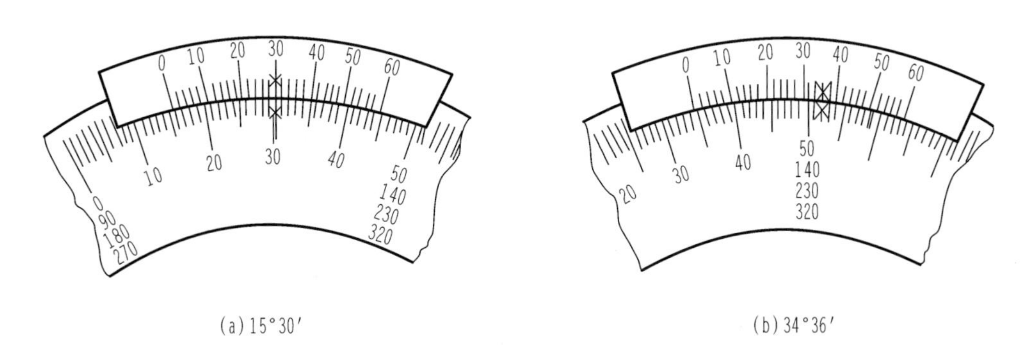

图 C401.8-3　游标万能角度尺读数

对于数显万能角度尺，在显示屏上可直接读取测量数值，操作简单。

3. 操作要点

（1）使用前检查角度尺的零位是否对齐。

（2）测量时，应使角度尺的两个测量面与被测件表面在全长上保持良好接触，然后拧紧制动器上的螺母进行读数。

（3）测量角度在 0°～50°范围内，应装上角尺和直尺。

（4）测量角度在 50°～140°范围内，应装上直尺。

（5）测量角度在 140°～230°范围内，应装上角尺。

（6）测量角度在 230°～320°范围内，不装角尺和直尺。

链接知识 C202 几何公差基本要求和标注方法

1. 几何公差概述

零件在加工过程中会受到各种因素的影响，不可避免地，会产生形状和位置误差（简称形位误差），形位误差对机器的使用功能和寿命具有重要影响。

零件的形位误差对机器的工作精度和使用寿命都会造成直接不良影响，特别是在高速、重载等工作条件下，这种不良影响更为严重。然而在实际生产中，制造绝对理想、没有任何几何误差的零件，既是不可能实现的，也是没有必要的。

为了保证零件的使用要求和零件的互换性，实现零件的经济性制造，必须对形位误差加以控制，规定合理的几何公差。

2. 几何要素

被测要素：图样上给出了有几何公差要求的要素，它们是被检测的对象。

基准要素：在零件上用来确定被测要素的方向或位置的要素，基准要素在图样上都标有基准符号或基准代号。

几何公差示意图如图 C202-1 所示。

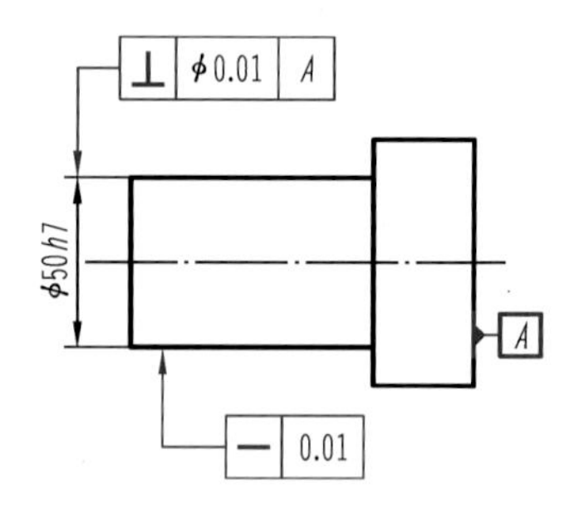

图 C202-1 几何公差

3. 几何公差的标注方法

几何公差是针对零件加工所提出的要求，应表达简洁、要求明确。在图样上标注时，尽量采用代号标注。带箭头的指引线应指向被测要素，如图 C202-2 所示。

公差框格应水平书写，如图 C202-3 所示。

引出指引线时，应从公差框格引出，其应垂直于框格，且只能引出一条指引线，注意

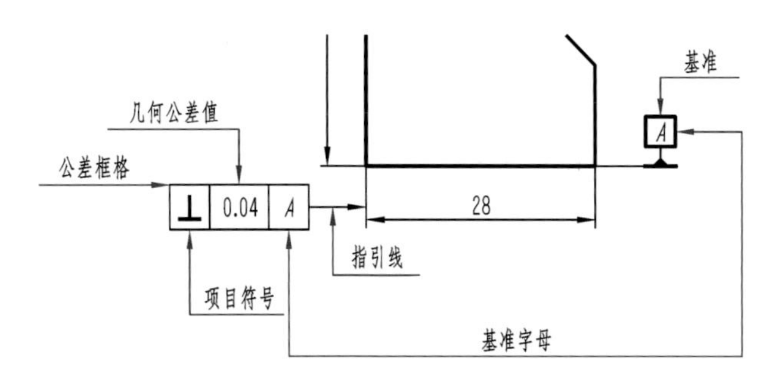

图 C202-2　几何公差的标注方法

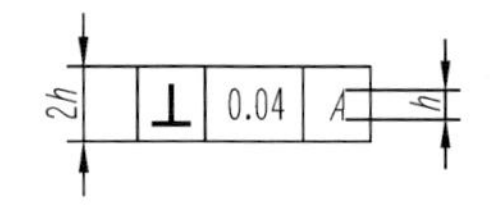

图 C202-3　公差格框

弯折次数不能超过 2 次。指引线指向被测要素时，要垂直于被测要素(圆锥圆度例外)，如图 C202-4 所示。

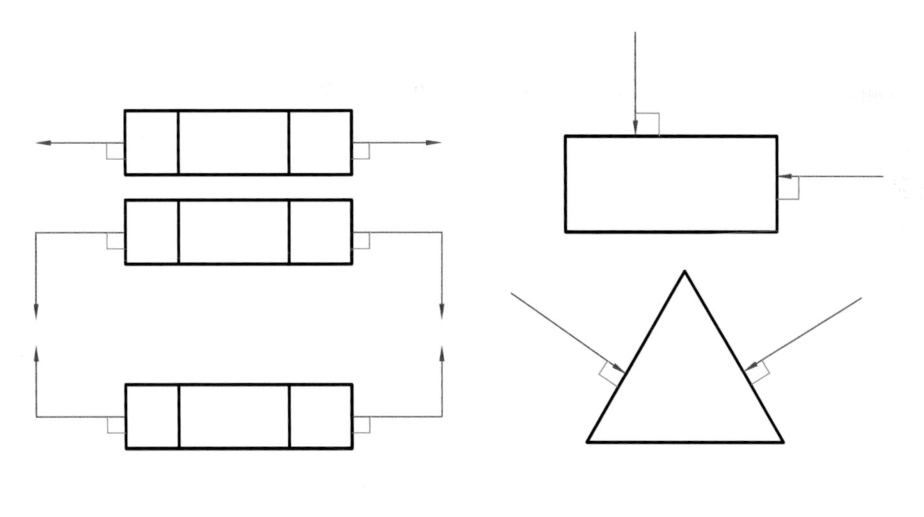

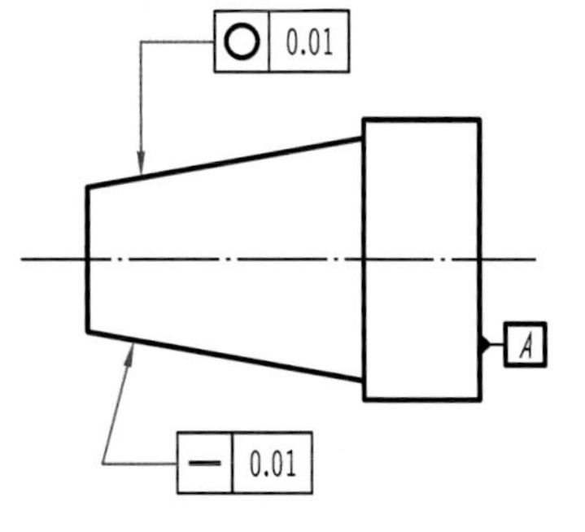

图 C202-4　指引线

项目符号如表 C202-1 所示。

表 C202-1　项目符号

公差类型	几何特征	符　号	有无基准
形状公差	直线度	⏤	无
	平面度	⏥	无
	圆度	○	无
	圆柱度	⌭	无
	线轮廓度	⌒	无
	面轮廓度	⌓	无
方向公差	平行度	//	有
	垂直度	⊥	有
	倾斜度	∠	有
	线轮廓度	⌒	有
	面轮廓度	⌓	有
位置公差	位置度	⌖	有或无
	同心度（用于中心点）	◎	有
	同轴度（用于轴线）	◎	有
	对称度	⌯	有
	线轮廓度	⌒	有
	面轮廓度	⌓	有
跳动公差	圆跳动	↗	有
	全跳动	⌰	有

几何公差值标注在公差框格第二格中，以 mm 为单位，指被测要素的允许变动量，如图 C202-5 所示。

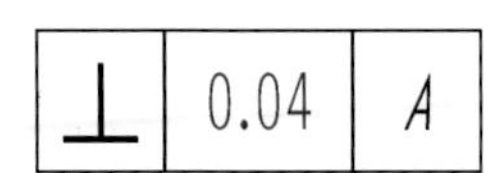

图 C202-5　几何公差值

被测要素基准在图样上用大写英文字母表示，为了避免混淆和误解，不得采用 *E*、*F*、*I*、*J*、*L*、*M*、*O*、*P*、*R* 等 9 个字母，也不能与向视图字母重合，如图 C202-6 所示。

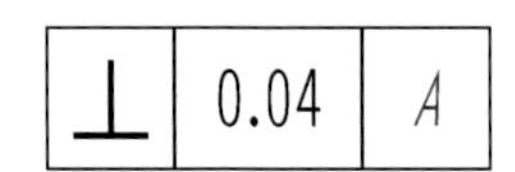

图 C202-6　被测要素基准

与被测要素相关的基准用一个大写字母表示，字母标注在基准方格内，与一个涂黑的或空白的三角形相连以表示基准，如图 C202-7 所示。

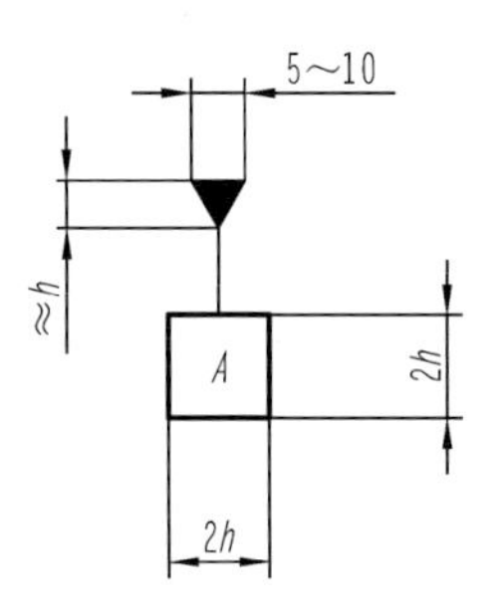

图 C202-7　基准

链接知识 C302 表面结构的图样标注

表面粗糙度是指加工表面具有的较小间距和微小峰谷不平度。当两波峰或波谷之间的距离(波距)在1mm以下时,用肉眼是难以区别的,因此它属于微观几何形状误差。表面粗糙度越小,则表面越光滑。

表面粗糙度是反映被测零件表面微观几何形状误差的一个重要指标,它不同于表面宏观形状(宏观形状误差)和表面波纹度(中间形状误差),这三者通常在一个表面轮廓叠加出现,如图C302-1所示。

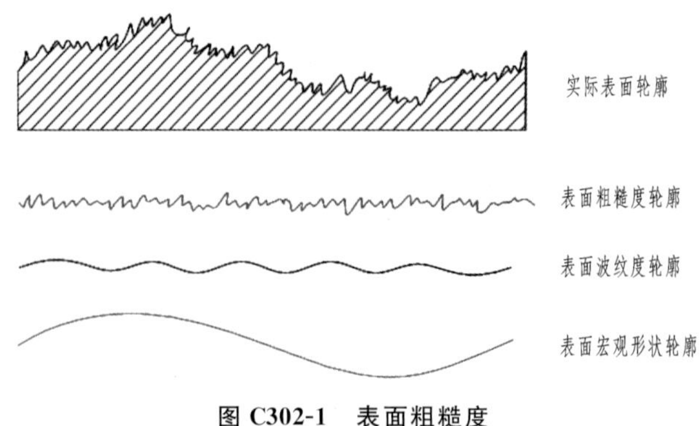

图 C302-1 表面粗糙度

表面微观特征、加工方法和应用实例参考对照表如表C302-1所示。

表 C302-1 表面微观特征、加工方法和应用实例参考对照表

表面微观特性		$Ra/\mu m$	加工方法	应用实例
粗糙表面	微见刀痕	≤20	粗车、粗刨、粗铣、钻、毛锉、锯断	半成品表面或粗加工过的表面,非配合的加工表面,如轴断面、倒角、钻孔、齿轮和皮带轮侧面、键槽底面、垫圈接触面
半光表面	微见加工痕迹方向	≤10	车、刨、铣、镗、钻、粗铰	未安装轴承的轴上表面、齿轮处的非配合表面,紧固件的自由装配表面,轴和孔的退刀槽
	微见加工痕迹方向	≤5	车、刨、铣、镗、磨、粗刮、滚压	半精加工表面,箱体、支架、盖面、套筒等和其他零件结合而无配合要求的表面,需要发蓝的表面等
	看不清加工痕迹方向	≤1.25	车、刨、铣、镗、磨、拉、刮、压、铣齿	接近于精加工表面,箱体上安装轴承的镗孔表面,齿轮的工作面

续表

表面微观特性		$Ra/\mu m$	加工方法	应用实例
光表面	可辨加工痕迹方向	≤0.63	车、镗、磨、拉、刮、精铰、磨齿、滚压	圆柱销、圆锥销，与滚动轴承配合的表面，普通车床导轨面，内、外花键定心表面
	微可辨加工痕迹方向	≤0.32	精铰、精镗、磨、刮、滚压	要求配合性质稳定的配合表面，工作时受交变应力的重要零件，较高精度车床的导轨面
	不可辨加工痕迹方向	≤0.16	精磨、珩磨、研磨、超精加工	精密机床主轴锥孔，顶尖圆锥面，发动机曲轴，凸轮轴工作表面，高精度齿轮表面
极光表面	暗光泽面	≤0.08	精磨、研磨、普通抛光	精密机床主轴轴颈表面，一般量规工作表面，气缸套内表面，活塞销表面
	亮光泽面	≤0.04	超精磨、精抛光、镜面磨削	精密机床主轴轴颈表面，滚动轴承的滚珠，高压油泵中柱塞和柱塞套配合表面
	镜状光泽面			
	镜面	≤0.01	镜面磨削、超精研磨	高精度量仪、量块的工作表面，光学仪器中的金属表面

1. 表面粗糙度符号、代号的标注

表面粗糙度符号、代号的标注如图 C302-2 所示。

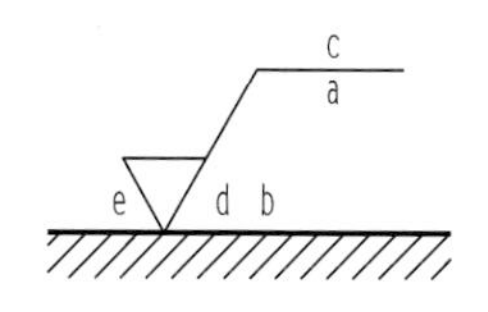

图 C302-2 表面粗糙度符号

a：表面粗糙度的单一要求（参数代号及其数值，单位为微米）。

b：当有两个或更多个表面粗糙度要求时，在 b 位置进行注写，如果要注写第三个或更多个表面粗糙度要求，图形符号应在垂直方向扩大，以空出足够的空间，扩大图形符号时，a 和 b 的位置随之上移。

c：加工方法、表面处理方法、涂层要求或其他加工工艺要求等。

d：表面纹理及其方向。

e：加工余量（单位为毫米）。

2. 表面粗糙度符号的尺寸

表面粗糙度符号的尺寸标注如图 C302-3～图 C302-5 所示。

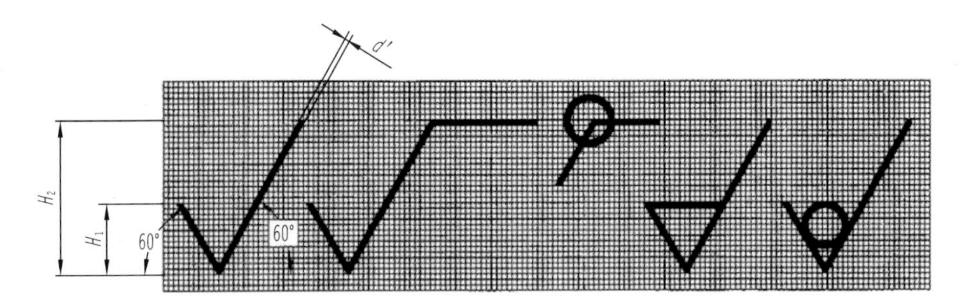

图 C302-3　表面粗糙度图形符号的尺寸

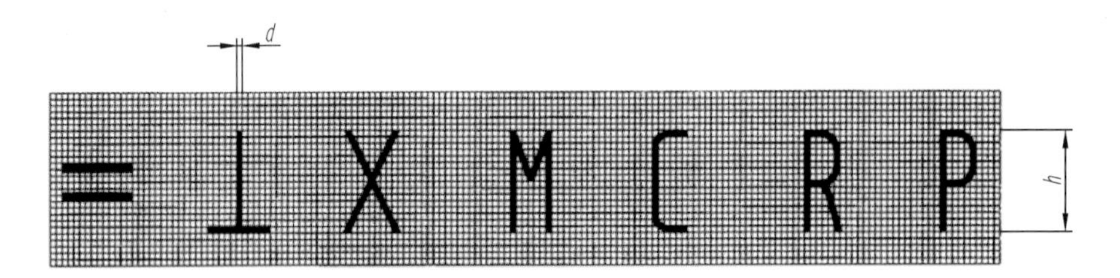

图 C302-4　表面粗糙度附加部分的尺寸

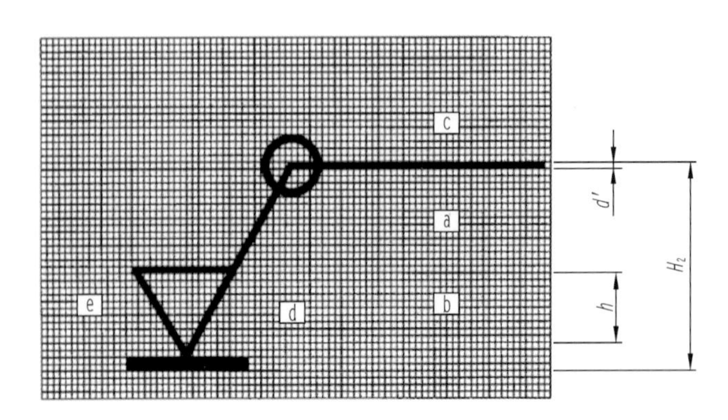

图 C302-5　表面粗糙度基本图形符号的尺寸

图形符号和附加标注的尺寸如表 C302-2 所示。

表 C302-2　图形符号和附加标注的尺寸　　单位:mm

字高 h	2.5	3.5	5	7	10	14	20
符号线宽 d' 字母线宽 d	0.25	0.35	0.5	0.7	1	1.4	2
高度 H_1	3.5	5	7	10	14	20	28
高度 H_2(最小值)	7.5	10.5	15	21	30	42	60

3. 表面粗糙度符号及其画法

图样上所标注的表面粗糙度符号、代号是指该表面完工后的要求。表面粗糙度的图样符号及说明如表 C302-3 所示。

表 C302-3　表面粗糙度的图样符号及说明

符　号	意义及说明
√	基本符号，表示表面可用任何方法获得，当不加注粗糙度参数值或有关说明(例如：表面处理、局部热处理状况等)时，仅适用于简化代号标注
(基本符号加短划)	基本符号加以短划，表示表面是用去除材料的方法获得的。例如：车、铣、磨、剪切、抛光、腐蚀、电火花加工、气割等
(基本符号加小圆)	基本符号加以小圆，表示表面是用不去除材料的方法获得的。例如：铸、锻、冲压变形、热轧、冷轧、粉末冶金等。或者表示表面是用于保持原供应状况的表面(包括保持上道工序的状况)
(三个符号长边加横线)	在上述三个符号的长边上均可加一横线，用于标注有关参数和说明
(三个符号长边加小圈)	在上述三个符号的长边上均可加一小圈，用于表示在图样某个视图上构成封闭轮廓的各表面有相同的表面粗糙度要求

有关表面粗糙度的各项规定应按功能要求给定。若仅需要加工(采用去除材料的方法或不去除材料的方法)，而对表面粗糙度没有其他要求时，允许只注表面粗糙度符号。

链接知识 A601 零件图概述

1. 零件图

零件图应能表现机器或部件对零件的结构要求，同时展现制造和检验该零件所需的必要信息，因此，一张完整的零件图应具备如下内容。

1）一组视图

用于正确、完整、清晰和简便地表达出零件内、外形状及功能结构的图形信息，包括机件的各种表达方法，如视图、剖视图、断面图、局部放大图、简化画法等。

2）完整的尺寸

用于确定零件各部分的大小和位置，为零件制造提供所需的尺寸信息。在标注过程中要做到正确、完整、清晰、合理。

3）技术要求

零件在制造、加工、检验时需要达到的技术指标，必须用规定的代号、数字、字母和文字注解加以说明，如表面粗糙度、尺寸公差、形位公差、材料和热处理、检验方法及其他特殊要求等。

4）标题栏

需要填写零件名称、数量、材料、比例、图样代号，以及设计者、审核者、批准者的必要签字等。

2. 视图选择的要求及方法

视图中对零件各部位的结构、形状及相对位置的表达要准确、完全且唯一（不可有不确定的元素）；视图之间的投影关系及表达方法要正确；所画图形要清晰易懂。选择零件图的视图可参照如下步骤和方法。

1）零件分析

零件分析应以零件的功用特性为基点，分析零件的几何形状、结构特征，找出需要重点表达的主要部位，分清各部位之间的连接关系。零件的形状与加工方法密切相关，在分析零件的同时还必须了解其加工方法，以便视图的表达方法与加工方法同步。

2）主视图的选择

零件的安放位置和主视图的投射方向是选择视图首先要考虑的。安放位置应从零件的加工位置、装配位置、工作位置中进行选择。轴套类和盘盖类零件以加工位置为主要参照因素;叉架类和箱体类零件以工作位置为主要参照因素。主视图应能清楚地表现零件特征。

3）其他视图的选择

主视图仅表达了一个方向的投影视图,还需要选择其他视图予以补充。根据实际情况采用适当的剖视图、断面视图、局部视图和斜视图等多种辅助视图,以及用于补充表达零件主要形体的其他视图。然后补全次要形体的视图,以合理的表达方式清晰地绘制出零件的内、外结构,同时兼顾尺寸标注的需要。

4）方案比较

零件的组图方案有多种,可以进行对比,选出最佳方案。择优的原则如下。

（1）在零件的结构形状表达清楚的基础上,视图的数量越少越好。

（2）避免不必要的细节重复。

5）选择视图时应注意的问题

（1）首先选择基本视图。

（2）当零件的内形复杂时,可以考虑选取全剖视图;若要兼顾内、外形,则对于全对称零件,选用半剖视图,否则可选用局部剖视图。

（3）尽量不用虚线表示零件的轮廓线,但若使用少量虚线可节省视图数,且可做到不在虚线上标注尺寸,则可适当使用虚线。

链接知识 A103.5 圆弧连接

在绘制机械图样时，会经常用直线或圆弧来光滑连接已知圆弧或直线。光滑连接是指线条在连接点处相切。为此，在作图时必须准确作出连接圆弧的圆心和切点。

(1) 以给定 R 为半径作圆弧，连接两已知直线的方法如下。

① 作两条辅助线分别与两已知直线平行且相距为 R，交点 O 即为连接圆弧的圆心。

② 由点 O 分别向两已知直线作垂线，垂足 M、N 即为连接的两个切点。

③ 以点 O 为圆心，R 为半径，在 M、N 两点之间画圆弧连接两直线，如图 A103.5-1 所示。

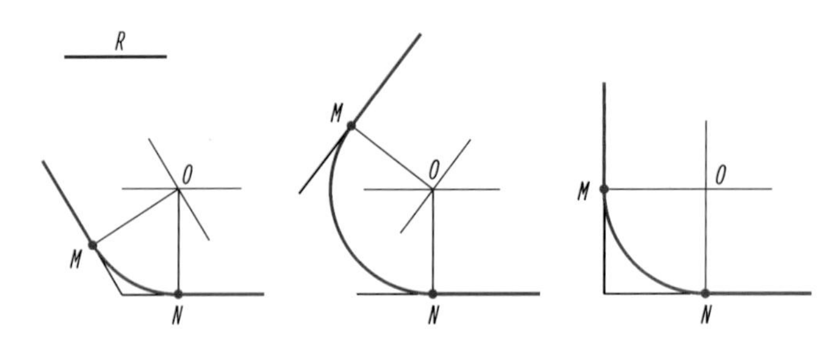

图 A103.5-1 圆弧连接的两直线画法

(2) 以给定直线 R 为半径作圆弧，连接半径分别为 R_1 和 R_2 的两已知圆弧(外切)，作图方法如下。

① 以 O_1 为圆心，以 R_1+R 为半径画圆弧。

② 以 O_2 为圆心，以 R_2+R 为半径画圆弧。两圆弧相交于 O_3。

③ 连接 O_1 与 O_3、O_2 与 O_3，分别与已知圆弧相交于 C_1、C_2 两点，该两点即圆弧连接的切点。

④ 以 O_3 为圆心，以给定直线 R 为半径，在求得的两个切点 C_1、C_2 之间画连接圆弧，如图 A103.5-2 所示。

(3) 以给定直线 R 为半径作圆弧，连接半径分别为 R_1 和 R_2 的两已知圆弧(内切)，作图方法如下。

① 以 O_1 为圆心，以 $R-R_1$ 为半径画圆弧。

② 以 O_2 为圆心，以 $R-R_2$ 为半径画圆弧，两圆弧相交于 O_3。

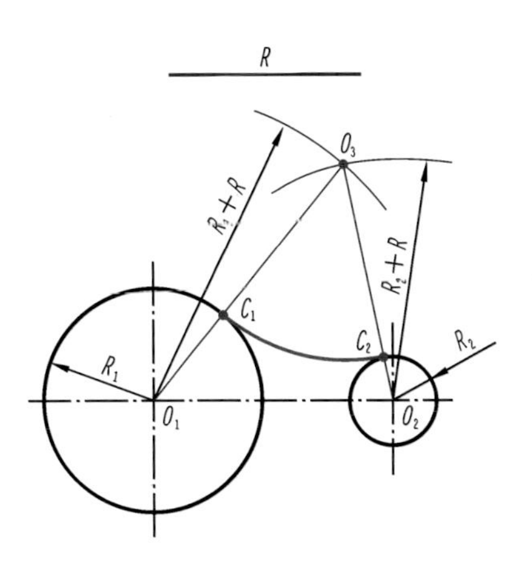

图 A103.5-2　圆弧与两圆弧外连接画法

③ 分别连接 O_3 与 O_1、O_3 与 O_2 并延长，分别与已知圆弧相交于 C_1、C_2 两点，该两点即圆弧连接的切点。

④ 以 O_3 为圆心，以给定直线 R 为半径，在求得的两个切点 C_1、C_2 之间画连接圆弧，如图 A103.5-3 所示。

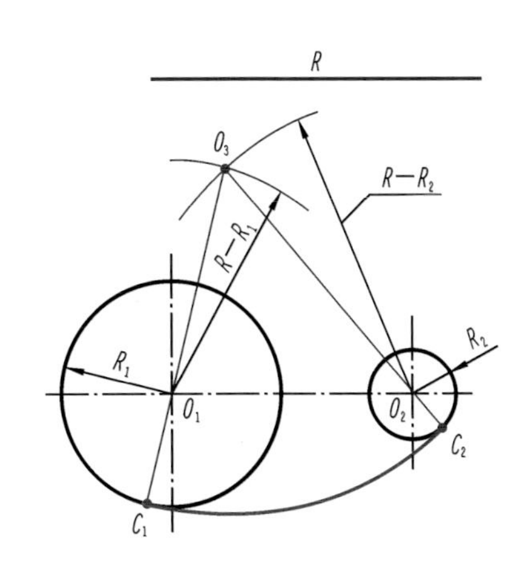

图 A103.5-3　圆弧与两圆弧内连接画法

（4）圆弧连接作图小结。

① 无论选择哪种连接形式，连接圆弧的圆心都是利用动点运动轨迹相交的概念来确定位置的。

② 距离直线等距离的点的轨迹，是直线的平行线。

③ 与圆弧等距离的点的轨迹，是同心圆弧。

④ 连接圆弧的圆心是通过作图确定的，故在标注尺寸时只注半径，而不注圆心位置的定位尺寸。

链接知识 F402.2 曲面锉削

1. 外圆弧的锉法

有顺向打圆弧的方法、横向打圆弧的方法，如图 F402.2-1 所示。

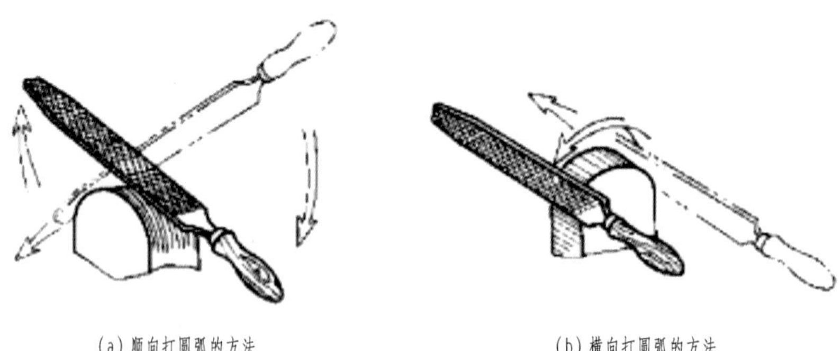

(a) 顺向打圆弧的方法　　(b) 横向打圆弧的方法

图 F402.2-1　外圆弧的锉法

2. 内圆弧的锉法

有前进运动方法、锉刀自转运动方法、向圆弧方向运动方法，如图 F402.2-2 所示。

图 F402.2-2　外圆弧的锉法

链接知识 F201.2 划规

划规由中碳钢或工具钢制成，两脚尖部淬火磨锐，用来划圆和圆弧、等分线段、等分角度，以及量取尺寸等。常用的有普通划规、扇形划规、弹簧划规和长划规，如图F201.2-1所示。

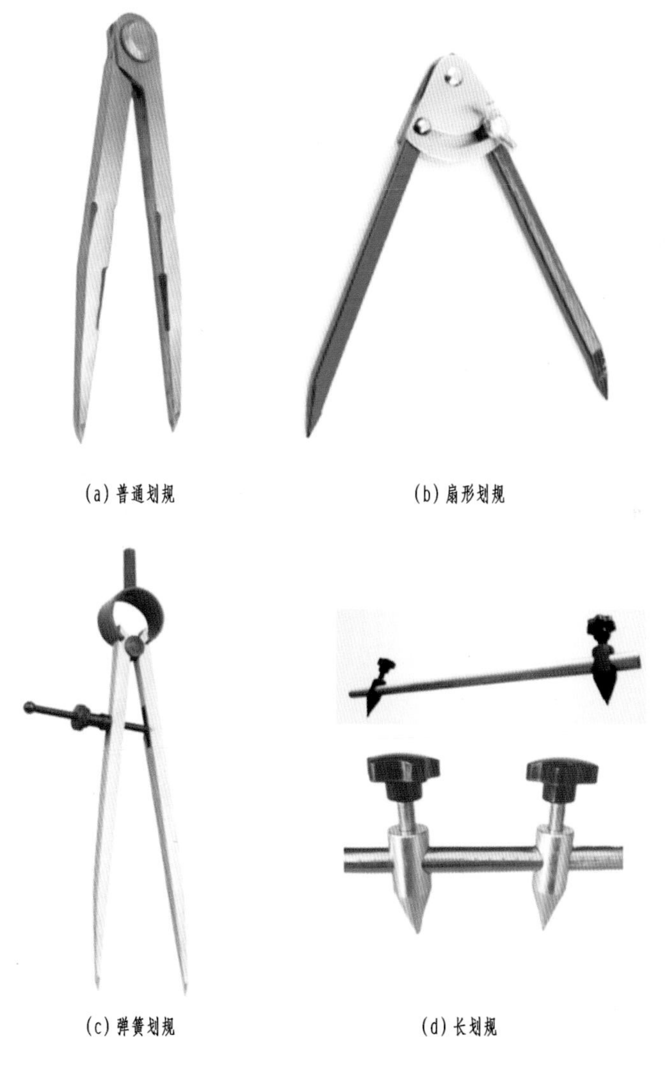

(a) 普通划规　(b) 扇形划规　(c) 弹簧划规　(d) 长划规

图 F201.2-1　常用划规

使用要点：划规两脚的长短要磨得稍有不同，两脚合拢时能靠紧，划圆时，作为旋转中心的一脚应加以较大的压力，另一脚则以较轻的压力在工作表面上划出圆或圆弧。

链接知识 A103.6 平面图形分析及作图方法

1. 尺寸分析

分析环眼吊钩的定形尺寸，得到直径尺寸 ϕ10 mm，以及半径尺寸 R2 mm、R5 mm、R8 mm、R9 mm、R15 mm、R20 mm 等。

分析环眼吊钩的定位尺寸，得到 ϕ10 mm 圆孔的定位尺寸 31 mm；R2 圆弧圆心的定位尺寸 9 mm、13 mm；R5、R15 圆弧圆心的定位尺寸 2 mm 等，如图 A103.6-1 所示。

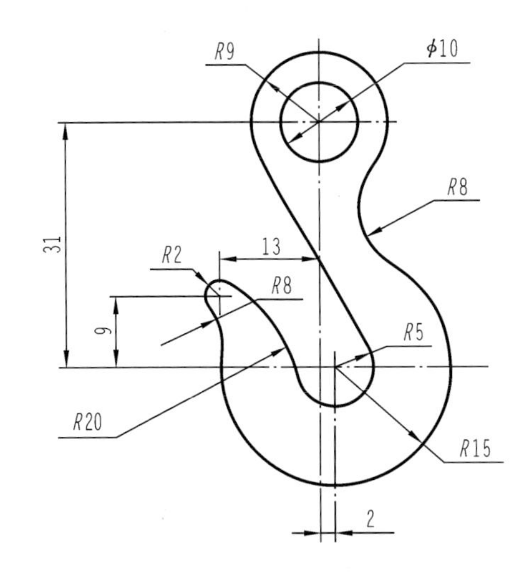

图 A103.6-1　尺寸分析

2. 环眼吊钩的线段分析

环眼吊钩的线段分析如图 A103.6-2 所示。

3. 环眼吊钩的作图步骤

(1) 画图框，画基准线，如图 A103.6-3 所示。

(2) 画已知线段，如图 A103.6-4 所示。

(3) 画连接线段，如图 A103.6-5 所示。

(4) 擦除多线，描深图形，如图 A103.6-6 所示。

① 要求线型正确，粗细分明，连接光滑，图面整洁。

② 加粗时，注意：先弧后直，保证连接光滑；先细后粗，保证整洁；先水平，后垂

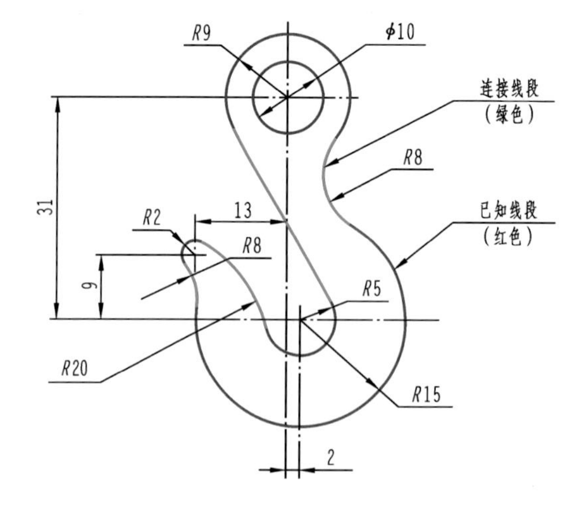

图 A103.6-2 环眼吊钩的线段分析

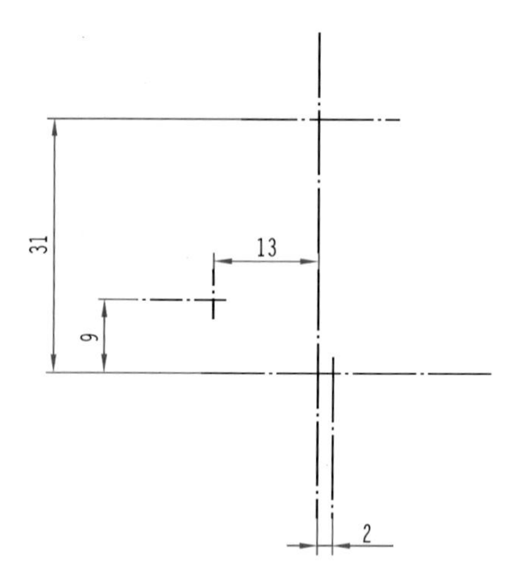

图 A103.6-3 画图框,画基准线

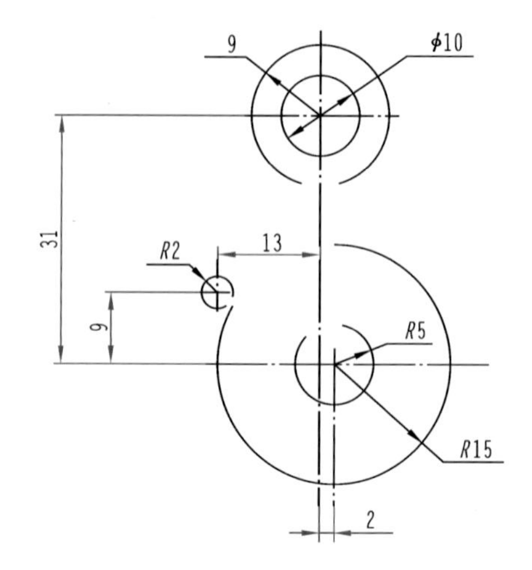

图 A103.6-4 画已知线段

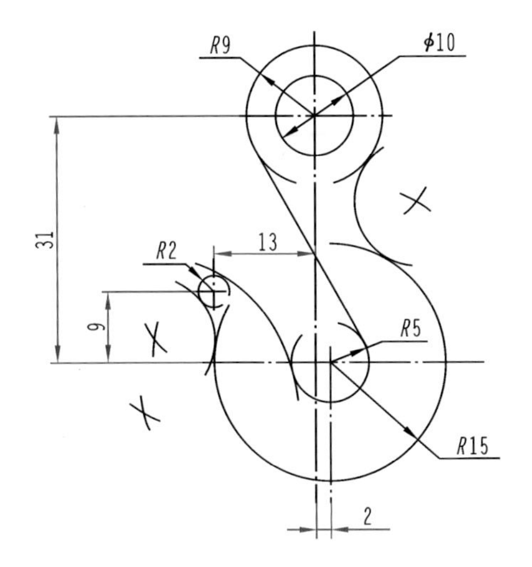

图 A103.6-5　画连接线段

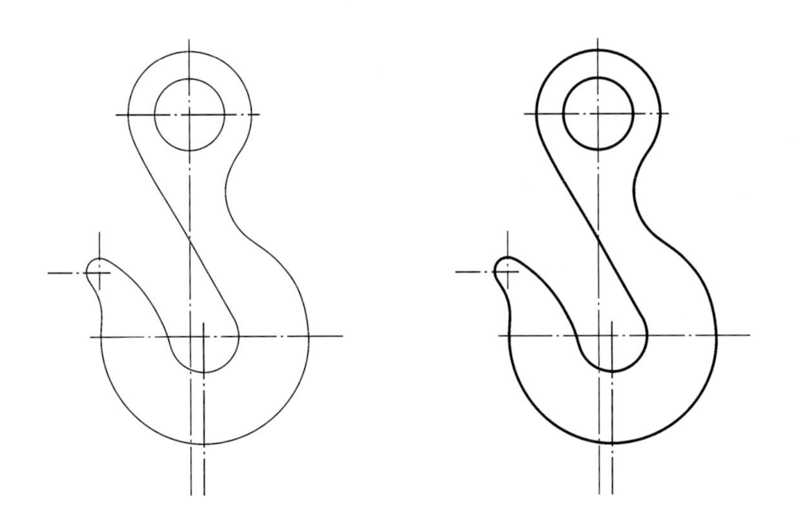
图 A103.6-6　擦除多线，描深图形

和斜。

(5) 画箭头、注尺寸，如图 A103.6-7 所示。

(6) 写技术要求，画、填标题栏，如图 A103.6-8 所示。

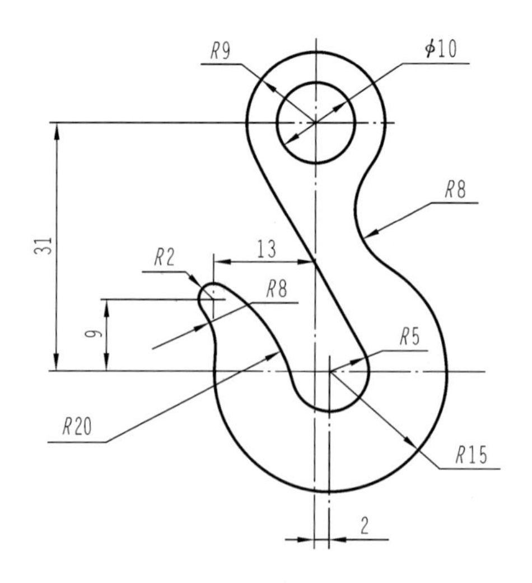

图 A103.6-7　画箭头、注尺寸

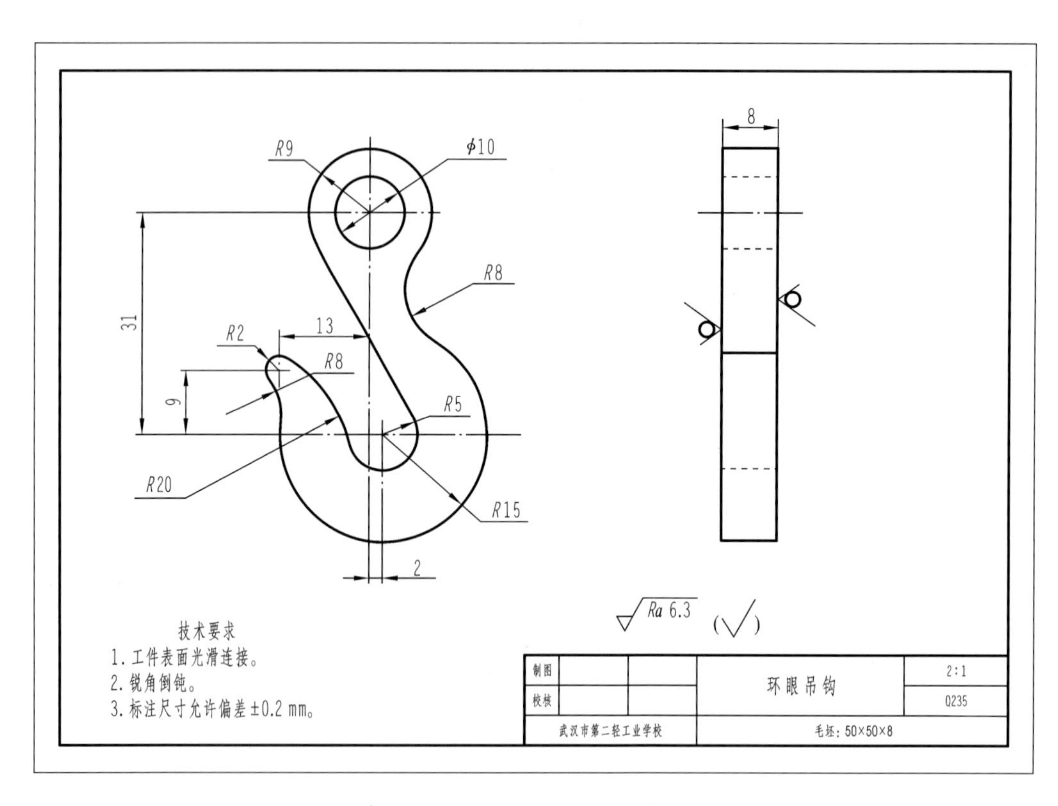

图 A103.6-8　写技术要求，画、填标题栏

链接知识 F501 钻孔设备和钻孔工具

1. 台式钻床

台式钻床是一种小型钻床，一般用来加工小型工件上直径小于 13 mm 的小孔，如图 F501-1 所示。

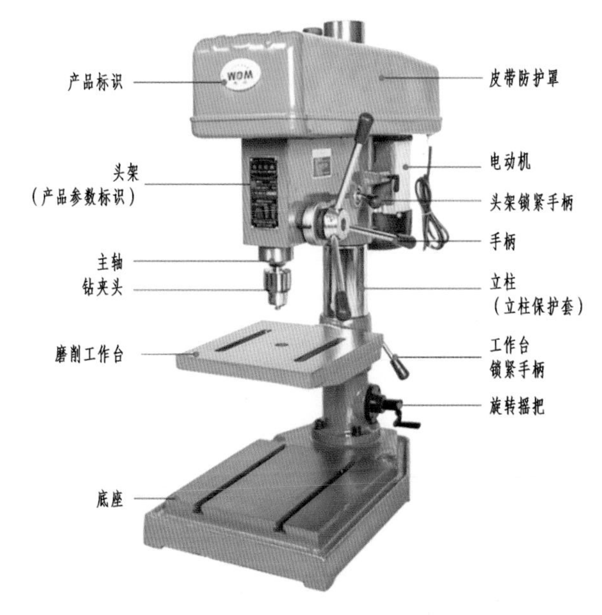

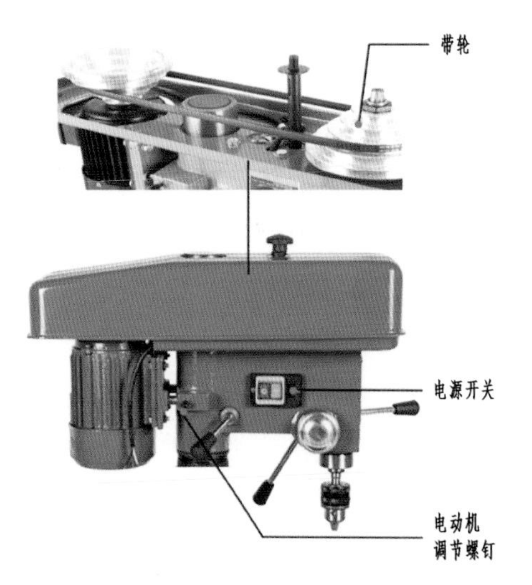

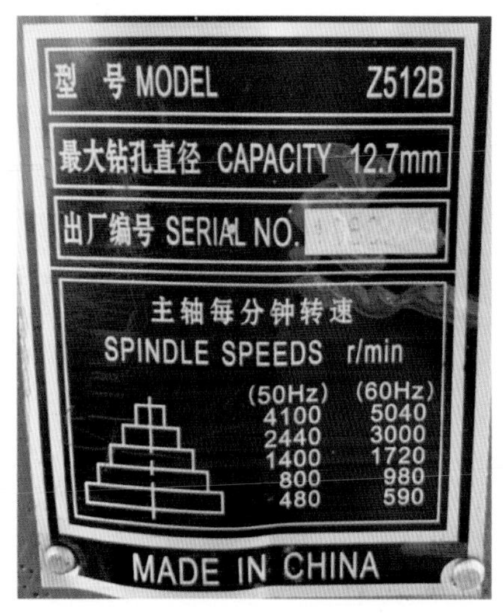

图 F501-1　台式钻床

操纵电器开关，能使电动机启动或停止。电动机的旋转动力由 V 带传给主轴，如图 F501-2 所示。改变 V 带在两个塔轮轮槽的不同安装位置，可使主轴获得不同的转速。

图 F501-2　V 带与主轴

2. 麻花钻

制作麻花钻常用的材料为高速钢，淬火后硬度可达 62～68 HRC。

麻花钻由柄部、颈部及工作部分组成，图 F501-3 所示的为锥柄麻花钻和直柄麻花钻的组成。

柄部是钻头上用于夹固和传动的部分，用以定心和传递动力，有直柄和锥柄两种。

颈部是在磨制麻花钻时供砂轮退刀用的。一般麻花钻的品牌、规格及牌号也刻印在此处。

工作部分分为导向部分和切削部分。导向部分用来保持麻花钻工作时的正确方向。切削部分是指由产生切屑的诸要素（主切削刃、横刃、前刀面、后刀面等）所组成的工作部分，它承担着主要的切削工作，图 F501-4 所示的为麻花钻切削部分的构成。

麻花钻的顶角 2ϕ 是两条主切削刃在其平行平面上投影的夹角，一般为 118°。螺旋角指螺旋线的切线与轴头轴线之间的夹角。图 F501-5 所示的为麻花钻切削部分的几何角度。

3. 钻夹头

钻夹头的结构如图 F501-6 所示，夹头体上有锥孔与钻夹锥柄紧配；夹头套与内螺纹圈紧配；夹头钥匙用来旋动夹头套；夹爪用来夹紧钻头直柄；内螺纹圈用来使爪伸出或缩进。图 F501-7 所示的为钻夹头的装夹。

4. 工件的装夹

钻孔中的事故大都是由工件装夹方法不正确造成的，因此，钻孔时要根据工件的不同形状，以及钻削力的大小、钻孔的直径等情况，采用不同的装夹方法进行定位和夹紧，以保证钻孔的质量和安全，图 F501-8 所示的为工件装夹方法。

（1）平口钳装夹：此方法适用于平整的工件。装夹时，应使工件表面与麻花钻垂直。

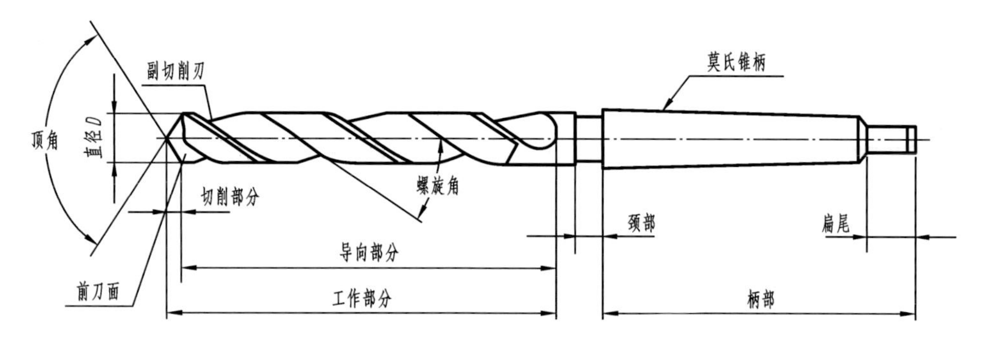

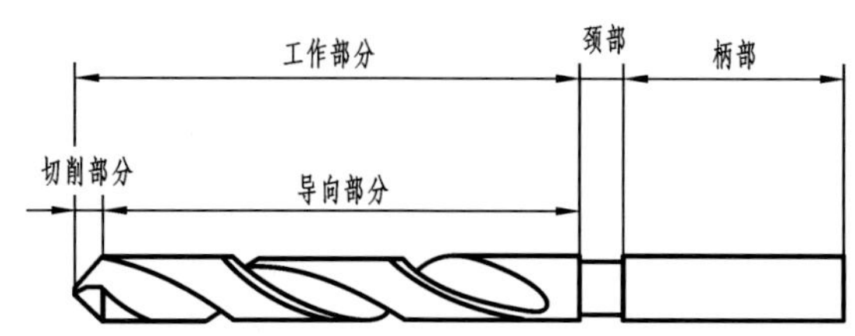

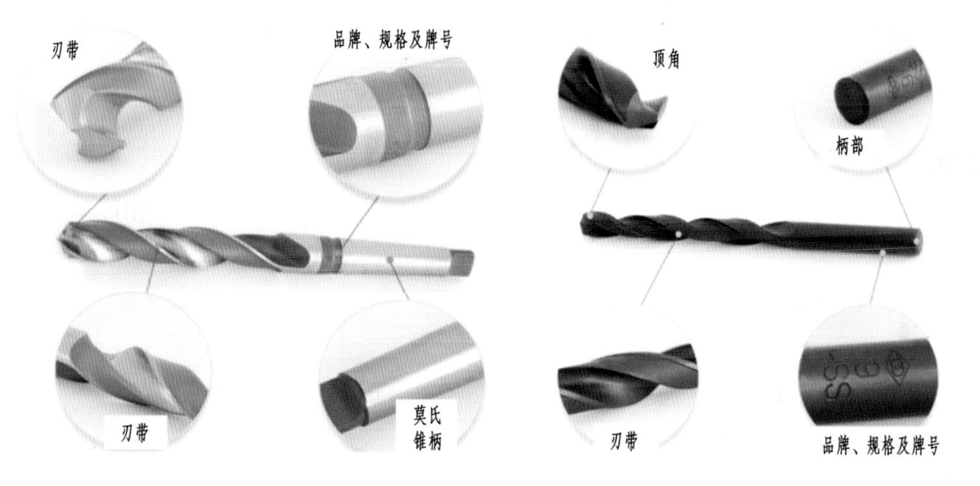

图 F501-3　锥柄麻花钻和直柄麻花钻的组成

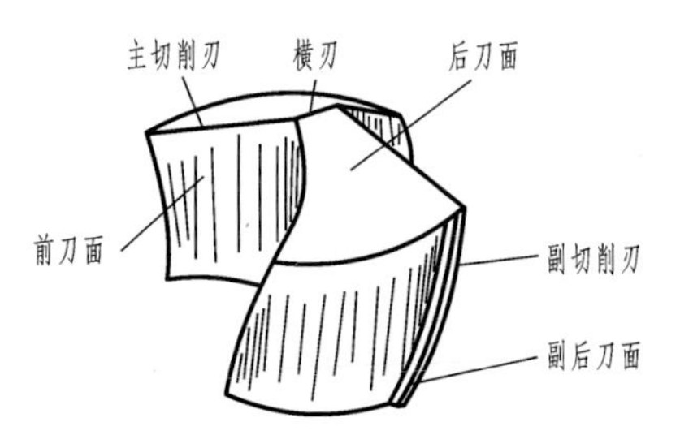

图 F501-4　麻花钻切削部分的构成

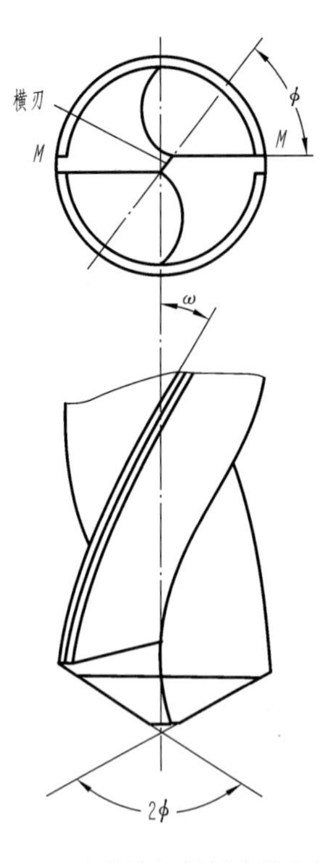

图 F501-5　麻花钻切削部分的几何角度

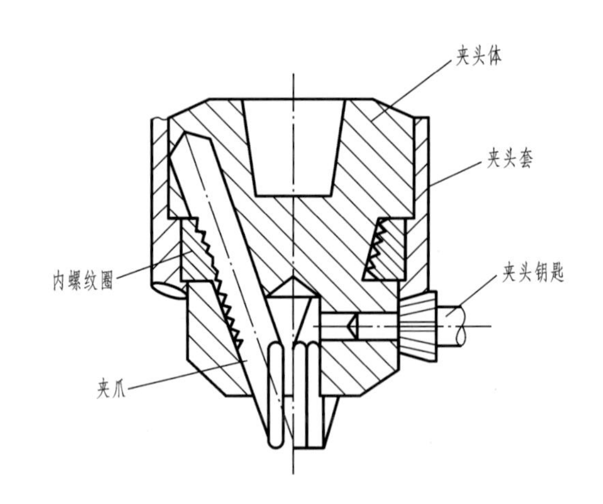

图 F501-6　钻夹头的结构

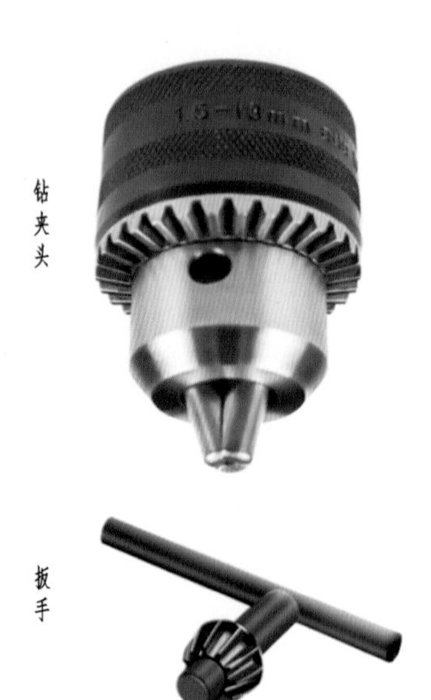

(1) 首先旋出钻夹头内的三爪

(2) 然后调整到合适的孔距

(3) 接着将钻夹头放进去

(4) 最后用钥匙拧紧

图 F501-7　钻夹头的装夹

（2）V 形架装夹:此方法适用于圆柱形工件。装夹时,应使麻花钻轴线垂直通过 V 形铁的对称平面,保证钻出孔的中心线通过工件轴线。

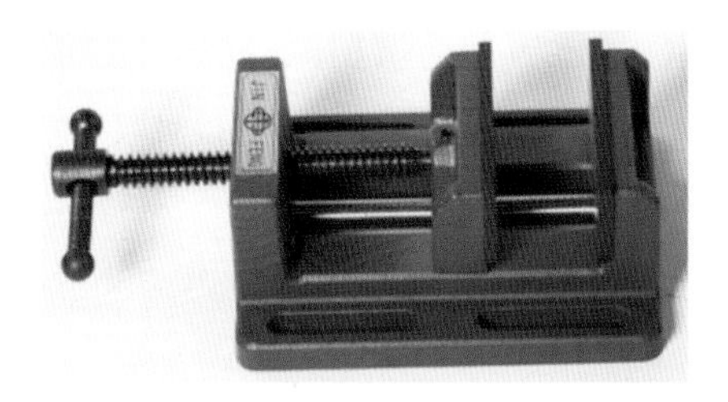

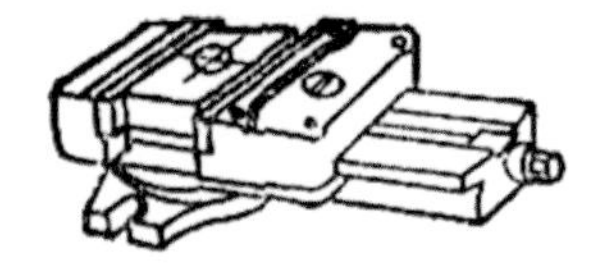

平口钳装夹

V形架装夹

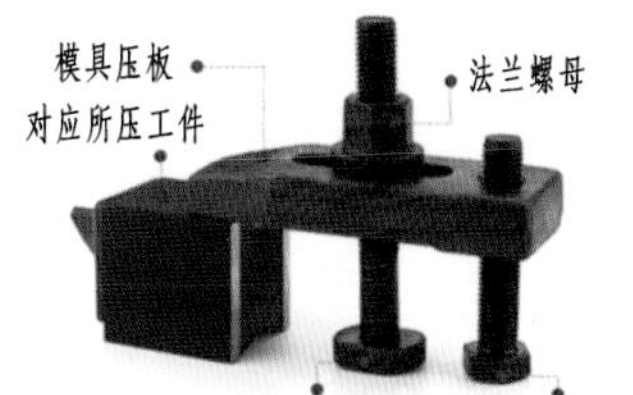

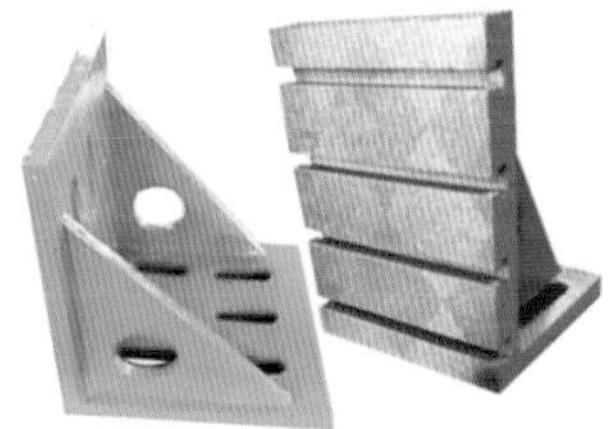

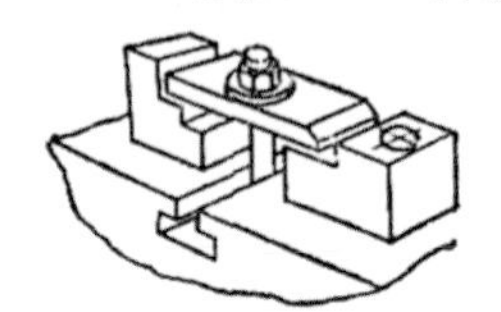

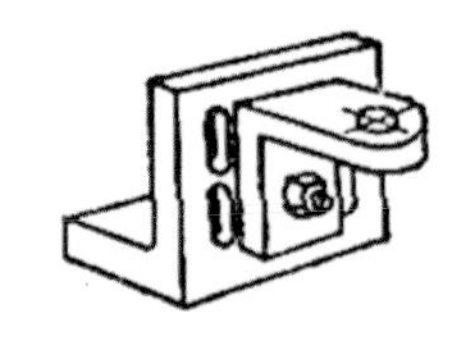

压板装夹

角铁装夹

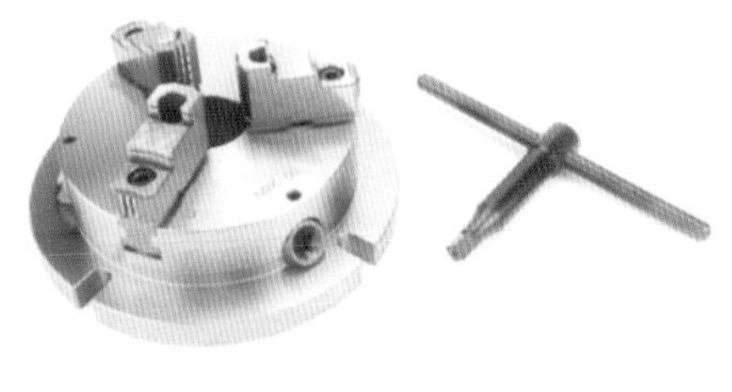

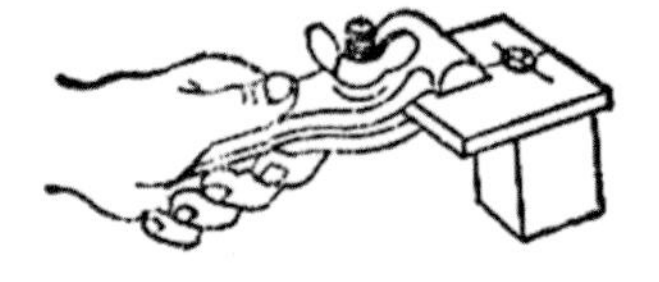

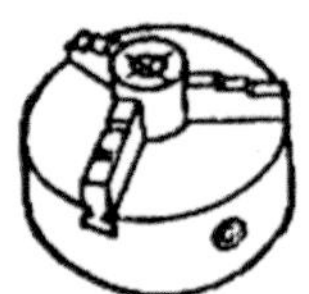

手虎钳装夹

三爪卡盘装夹

图 F501-8　工件装夹方法

（3）压板装夹：此方法适用于较大工件且钻孔直径在 10 mm 以上的情况。在使用该方法夹紧时，压板厚度与压紧螺栓直径的比例要适当，以免造成压板弯曲变形而影响压紧力。压紧螺栓应尽量靠近工件，垫铁应比工件压紧表面高度稍高，以保证对工件有较大的压紧力，避免工件在钻孔过程中移动。当工件压紧表面为已加工表面时，要用衬垫进行保护，防止压出印痕。

（4）角铁装夹：此方法适用于底面不平或加工基准在侧面的工件。由于钻孔时的轴向钻削力作用在角铁的安装平面之外，故角铁必须用压板固定在钻床工作台上。

（5）手虎钳装夹：此方法适用于小型工件或薄板件的小孔加工。

（6）三爪卡盘装夹：此方法适用于圆柱工件端面的钻孔。

链接知识 F503 钻孔的方法和注意事项

1. 钻孔方法

(1) 起钻:在钻孔时,起钻的位置一定要准确,一般将钻头的横刃落入样冲眼内,从两个相互垂直的方向观察孔轴线与钻头轴线是否重合,如重合则可先将麻花钻对准钻孔中心起钻出一浅坑,观察钻孔位置是否正确,并不断进行校正,使浅坑与检验圆同心或处于检验方框的正中央。同时根据试钻情况及时进行调整,以保证钻孔的位置精度。调整方法如下:如偏位较少,可在起钻的同时用力将工件向偏位的反方向推移,达到逐步校正;如偏位较多,可在校正方向上打上几个样冲眼或用錾子錾出几条槽,图 F503-1 所示的为校正起钻偏位的孔。

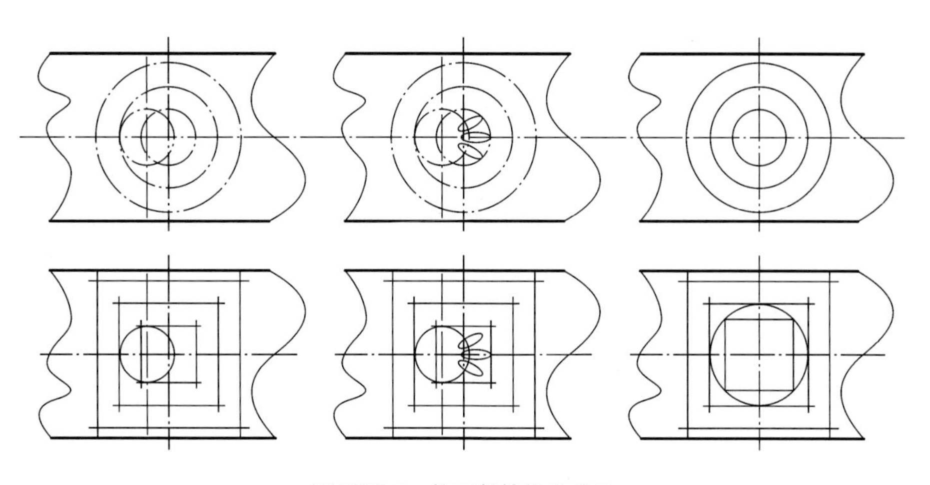

图 F503-1　校正起钻偏位的孔

(2) 手动进给操作:当起钻达到钻孔的位置要求后,即可开始正式钻孔。进给时,进给力不可过大,以免使钻孔轴线歪斜。

钻小直径孔或深孔时,进给力要小,并要经常退钻排屑,以免切屑阻塞而扭断麻花钻。钻孔将穿时,应减少轴向进给力,防止麻花钻折断或使工件随着麻花钻转动造成事故。

2. 钻孔的安全文明生产注意事项

(1) 钻孔前清理工作台,如使用的刀具、量具和其他物品不应放在工作台面上。

(2) 钻孔前要夹紧工件，钻通孔时要垫垫块或使钻头对准工作台的沟槽，防止损坏工作台。

(3) 通孔快穿时，要减小进给量，以防发生事故。

(4) 松紧钻头要用钥匙，不允许敲打，以免影响精度，损坏钻夹头。

(5) 钻床变速时应先停车后变速。

(6) 钻孔时，不可戴手套，以免手套卷入钻头，女生的长发应戴在安全帽内。

(7) 清除切屑应用刷子而不能用嘴吹，以防切屑飞入眼中。

3. 钻孔时容易产生废品的原因

钻孔时容易产生废品的原因如表 F503-1 所示。

表 F503-1 废品形式及产生原因

废品形式	产生原因
孔尺寸大于图纸尺寸	(1) 钻头刃磨不对称 (2) 钻头旋转后摆动(机床主轴有摆动，钻头弯曲，钻头装夹不可靠等)
孔壁粗糙	(1) 钻头刃磨不锋利 (2) 后角太大 (3) 进给量太大 (4) 切削液选用不当或切削液供给不足
孔位置不正确	(1) 工件划线或样冲眼位置不正确 (2) 工件装夹不当或未紧固 (3) 钻头横刃太长，不便找正 (4) 开始钻孔时，孔钻偏而没有找正(尤其是大孔的钻削)
孔歪斜	(1) 钻头旋转轴心线与工件表面不垂直 (2) 横刃太长或进给量太大

链接知识 A304.1 叠加型组合体视图

1. 组合体的组合形式

任何机器零件都可以看成由一些简单的基本几何体经过叠加、切割或打孔等组合而成。这种由两个或两个以上的基本几何体组合而成的物体称为组合体。

组合体按组合形式分为叠加型组合体（叠加体）、切割型组合体（切割体）和综合型组合体三种类型。

在组合体的图样绘制、尺寸标注和识读的过程中，通常假想将其分解成若干简单体，弄清楚各简单体的形状、相对位置、组合形式及相邻表面的连接关系，将复杂问题简单化的分析方法称为形体分析法。

形体分析法的精髓可以概括为“分”与“合”。“分”即把复杂的组合体分成若干个简单体，“合”即根据各简单体的相对位置及表面连接关系把所有简单体组合成组合体。“分”与“合”是相辅相成的。“分”使认识加深，“合”使认识全面。

（1）叠加体：由若干个基本体以叠加的形式组合而成，如图 A304.1-1 所示。

（2）切割体：以切割的形式形成，如图 A304.1-2 所示。

（3）综合型组合体：以叠加、切割混合的形式组成。

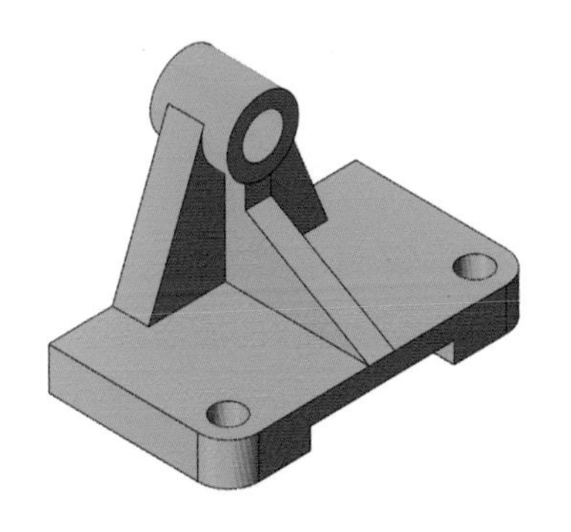

图 A304.1-1　叠加体

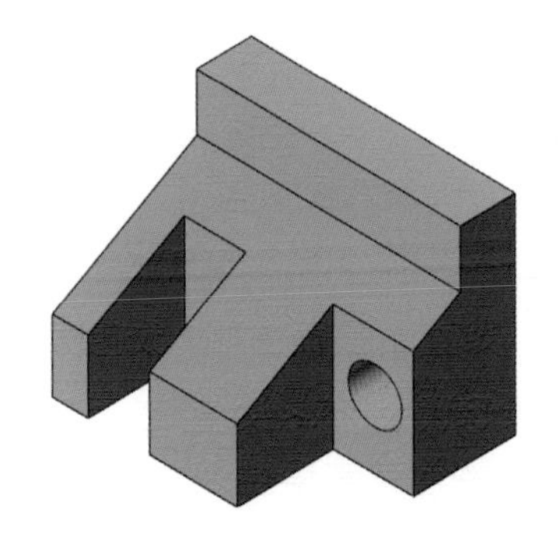

图 A304.1-2　切割体

2. 基本体圆柱三视图

（1）圆柱体（简称圆柱）由圆柱面和两个底面组成。圆柱面是由直线 AA_1 绕着与它平行的轴线 OO_1 旋转而成的，如图 A304.1-3 所示。直线 AA_1 称为母线，圆柱面上与轴线 OO_1 平行的任一直线称为圆柱面的素线。无穷多的素线围成圆柱面，其中有四条素线被称为轮廓素线，即正面投影图的最左、最右轮廓线，侧面投影图的最前、最后轮廓线。在水平投影面上，所有素线都积聚成点围成圆，交叉的点划线与积聚圆的四个交点，即是四条轮廓素线。

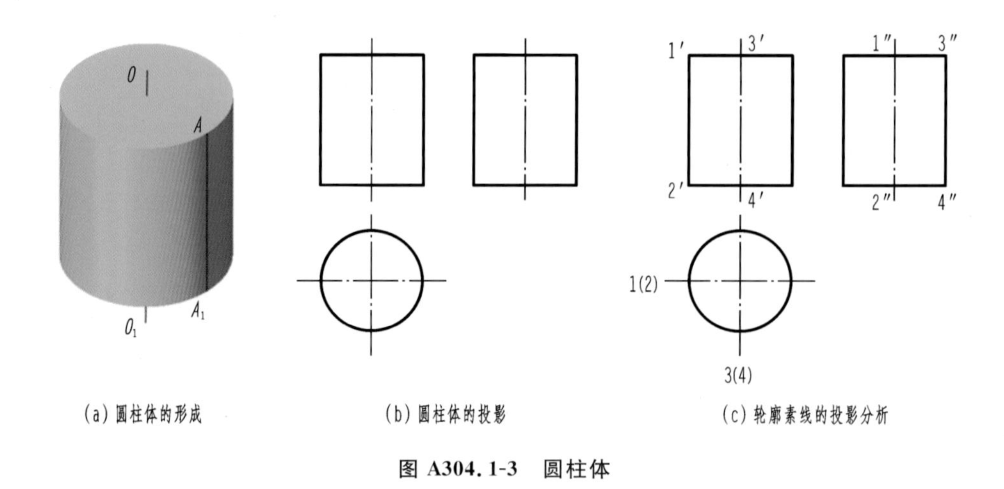

图 A304. 1-3　圆柱体

(2) 圆柱的三视图如图 A304. 1-4 所示，其中，俯视图、左视图可省略。

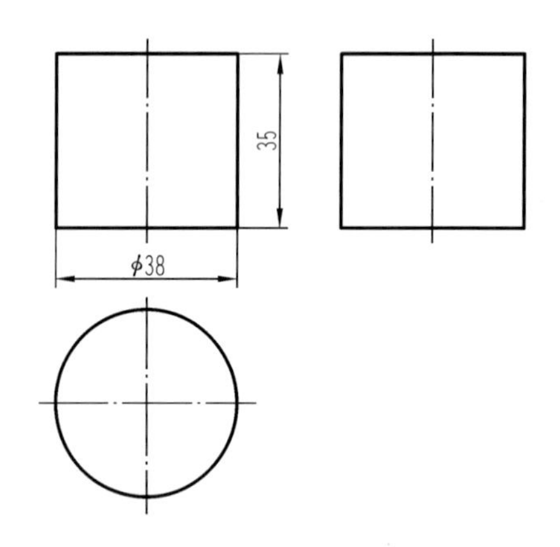

图 A304. 1-4　圆柱的三视图

3. 基本体圆锥三视图

(1) 如图 A304. 1-5 所示，圆锥体（简称圆锥）由圆锥面和底面组成。圆锥面是由直线 SA 绕与它相交的轴线 OO_1 旋转而成的。S 称为锥顶，直线 SA 称为母线。圆锥面上过锥顶的任一直线称为圆锥面的素线。圆锥体的投影图如图 A304. 1-5(b)所示，在图示位置，水平投影为一圆，另两个投影为等边三角形，三角形的底边为圆锥底面的投影，两腰分别为圆锥面不同方向的两条轮廓素线的投影。

(2) 圆锥的三视图如图 A304. 1-6 所示，其中，俯视图、左视图可省略。

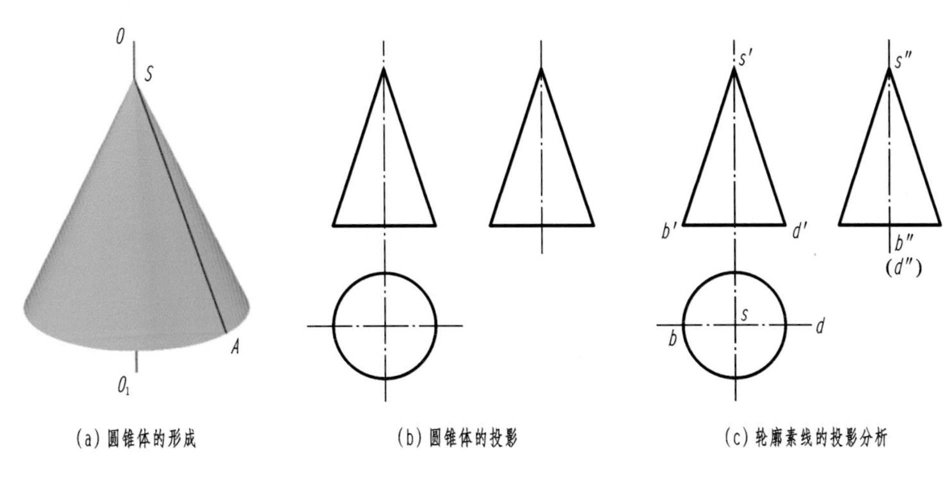

图 A304.1-5　圆锥体

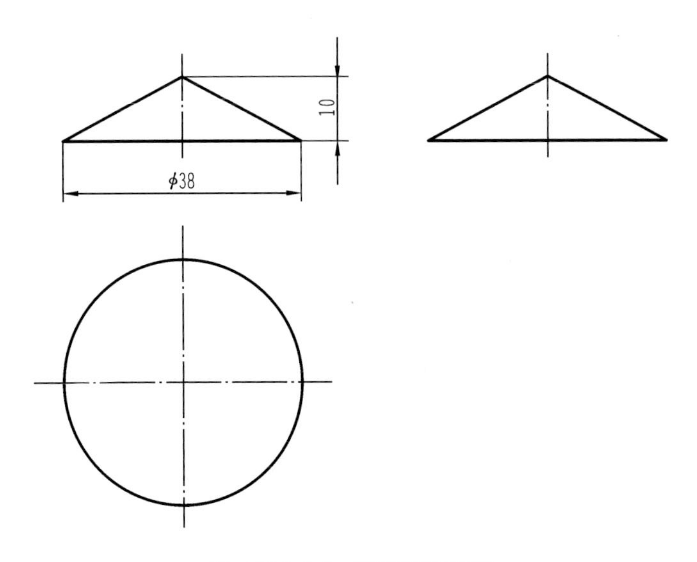

图 A304.1-6　圆锥的三视图

4. 组合体视图的画法

画组合体视图时，应先对组合体进行形体分析，清楚该组合体的形状、结构特点和各组成部分的相对位置及各相邻表面之间的关系，明确组合形式，了解分界线的特点等，然后选择视图（首先选择和确定主视图）。选择主视图时可从以下四个方面考虑。

（1）一般选择大平面为底面，以放置稳定。

（2）通常要求主视图能较多地表达物体的形状和特征，即尽量将各组成部分的形状和相互关系反映在主视图上，并使主要平面平行于投影面，以便投影表达实形。

（3）应同时考虑使另外两个视图中的细虚线最少，即尽可能使物体的轮廓形状以可见状态呈现。

(4) 应将尺寸较大的部分部置在长度方向,以便布图。画图时先画主要部分,后画次要部分,先定位置后定形状,先画基本形体叠加,再画切口、穿孔和圆角等局部形状。

5. 形体分析和视图选择

如图 A304.1-7 所示,应使转轴处于水平位置,使圆柱的前后侧面平行于 V 面,此时最能反映组合体的形状特征。

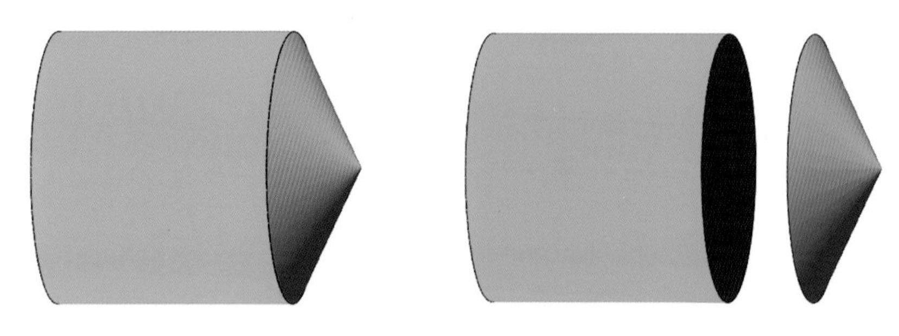

图 A304.1-7　叠加型组合体的形体分析

6. 视图画法

叠加体的视图的画法图如图 A304.1-8 所示。

叠加型组合体由几个几何体叠加而成。叠加指两相邻形体部分表面相互接触并贴合,贴合面是平面或曲面。

7. 两形体表面相错叠加(相交)

图 A304.1-9 所示的支座一可以看成是由一块底板和一个一端呈半圆形的座体平面贴合而成的。座体的面 A、C 与底板的面 B、D 相错,所以面 A、B 之间及面 C、D 之间在主视图、左视图上要有所体现。

8. 两形体表面平齐叠加(共面)

图 A304.1-10 所示的支座二的座体的面 A 与底板的面 B 平齐,面 A、B 构成同一平面,在主视图上的投影共面处不画分隔线。

9. 叠加型组合体视图的画法示例一

(1) 形体分析。

如图 A304.1-11 所示,该组合体由底板、座体叠加而成。

(2) 具体画法。

叠加型组合体视图的画法如图 A304.1-12 所示。

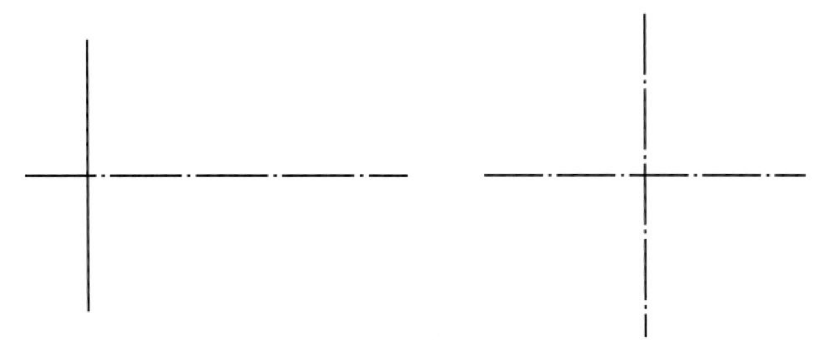

(a) 先画中心线及基准线

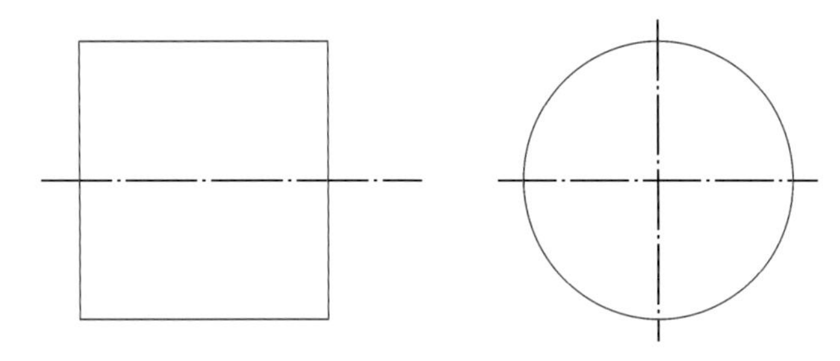

(b) 画圆柱的投影

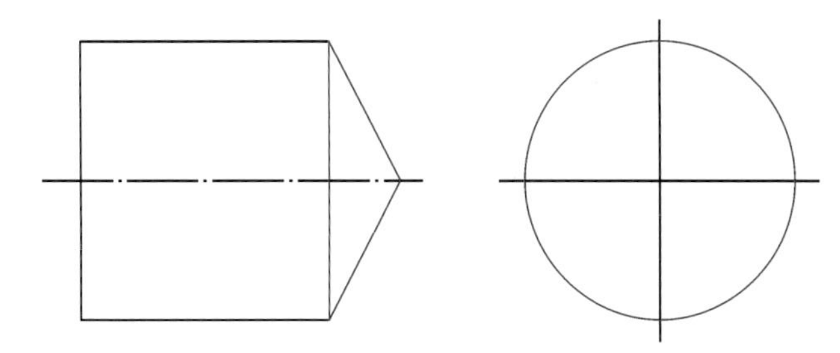

(c) 画圆锥的投影

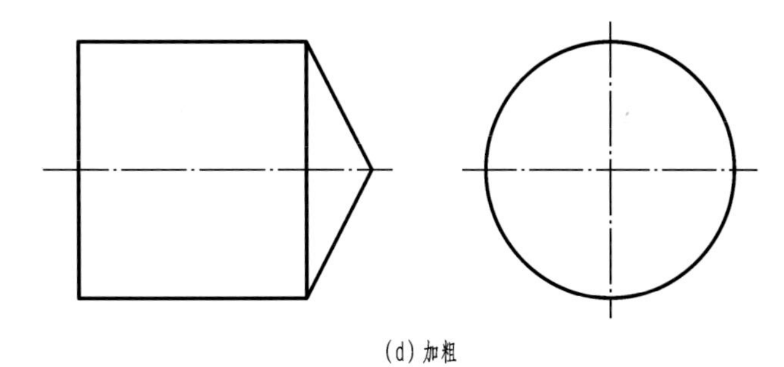

(d) 加粗

图 A304. 1-8　视图画法

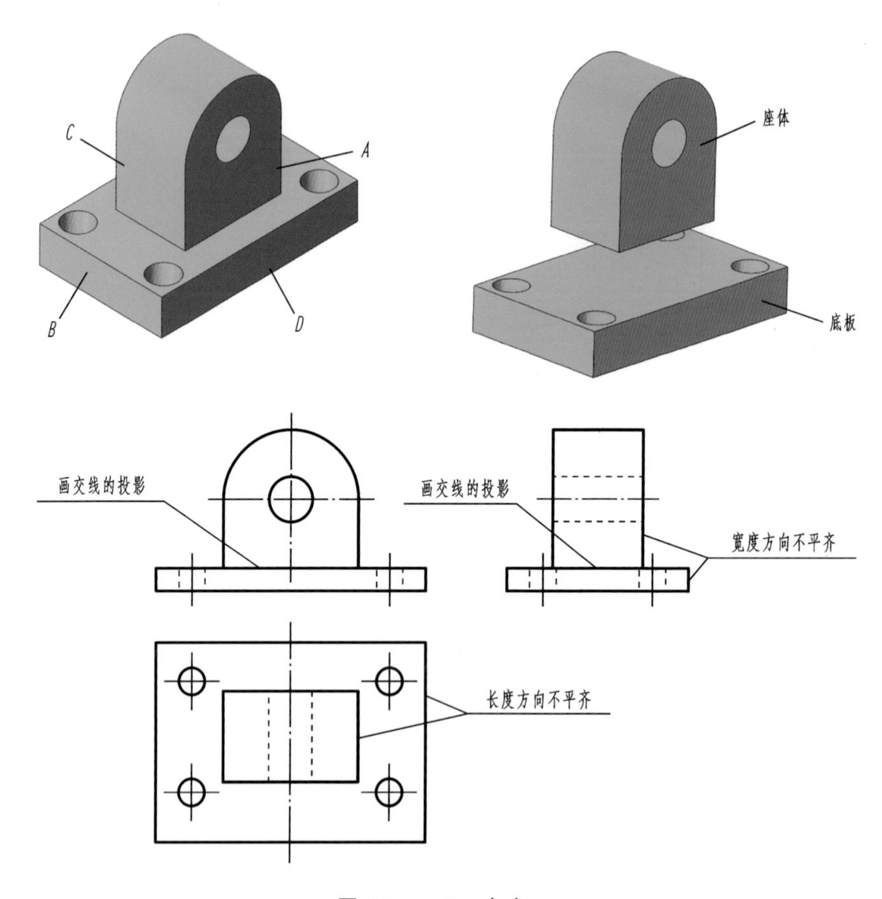

图 A304.1-9　支座一

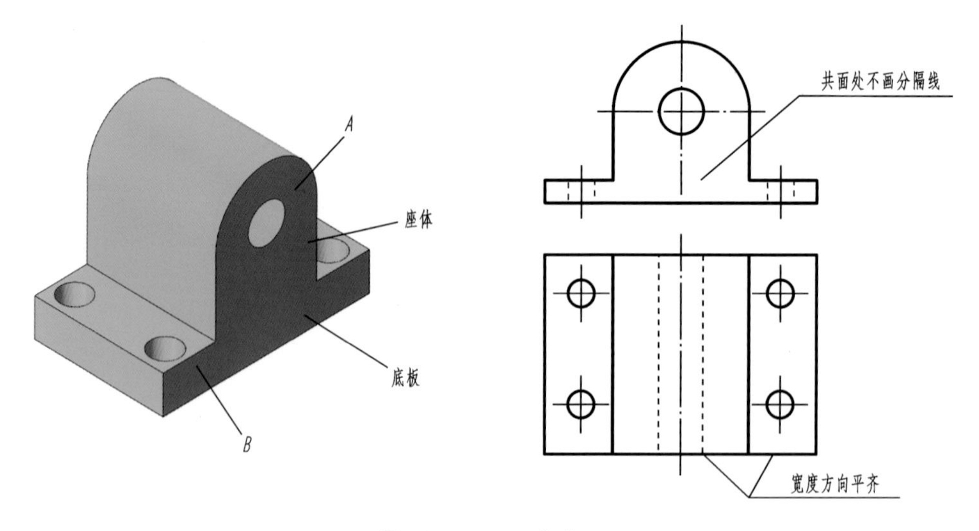

图 A304.1-10　支座二

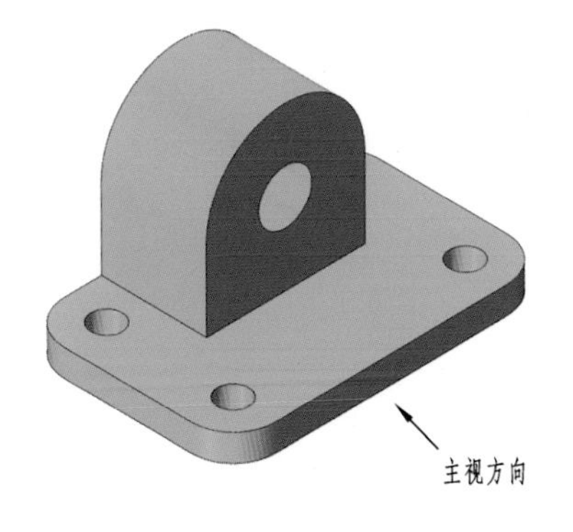

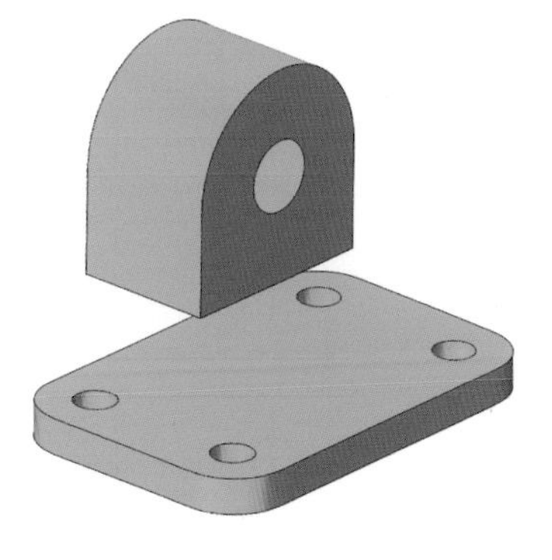

图 A304.1-11　形体分析

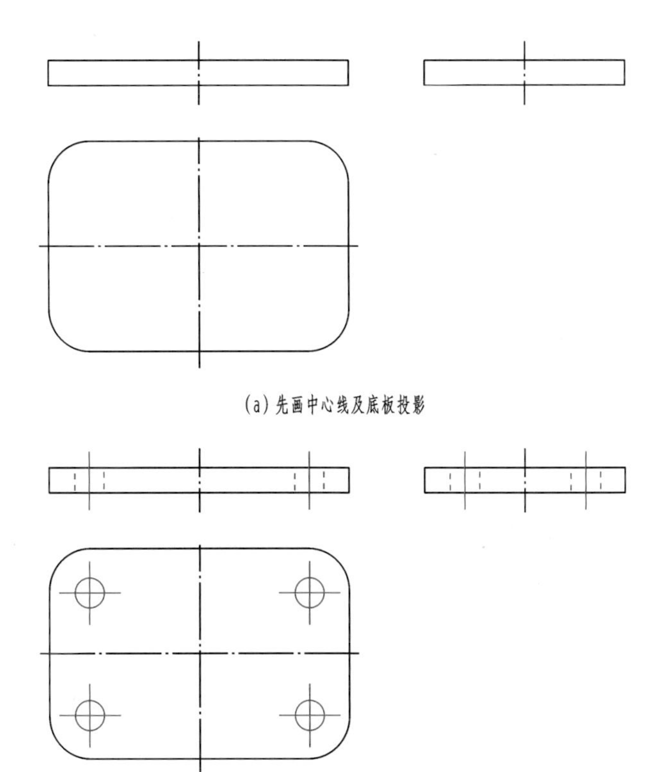

(a) 先画中心线及底板投影

(b) 画底板上孔的投影

图 A304.1-12　具体画法

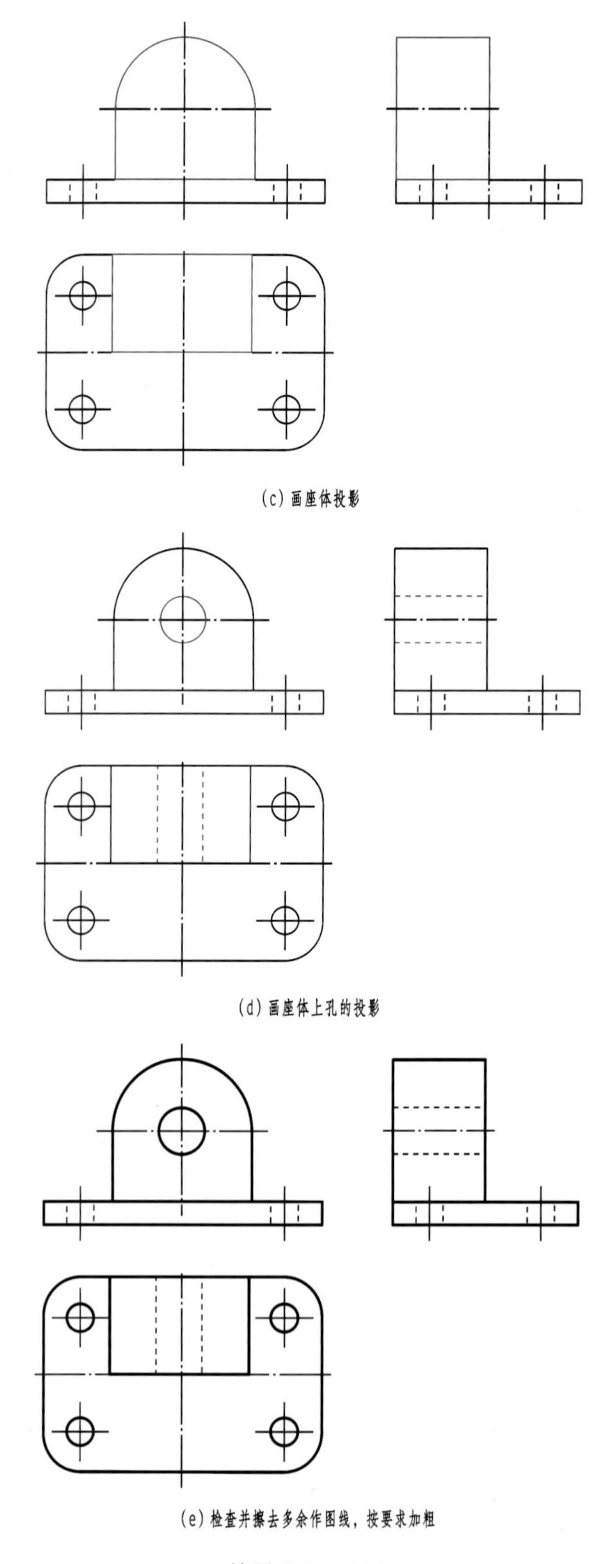

(c) 画座体投影

(d) 画座体上孔的投影

(e) 检查并擦去多余作图线，按要求加粗

续图 A304. 1-12

10. 两形体表面相切叠加(相切)

图 A304.1-13 所示的套筒可以看成是由圆筒和支耳两部分叠加而成的。圆筒的面 A 与支耳的面 B 相切,相切处表面光滑过渡,面 A、B 之间不画分隔线,主视图、左视图中不画切线的投影。

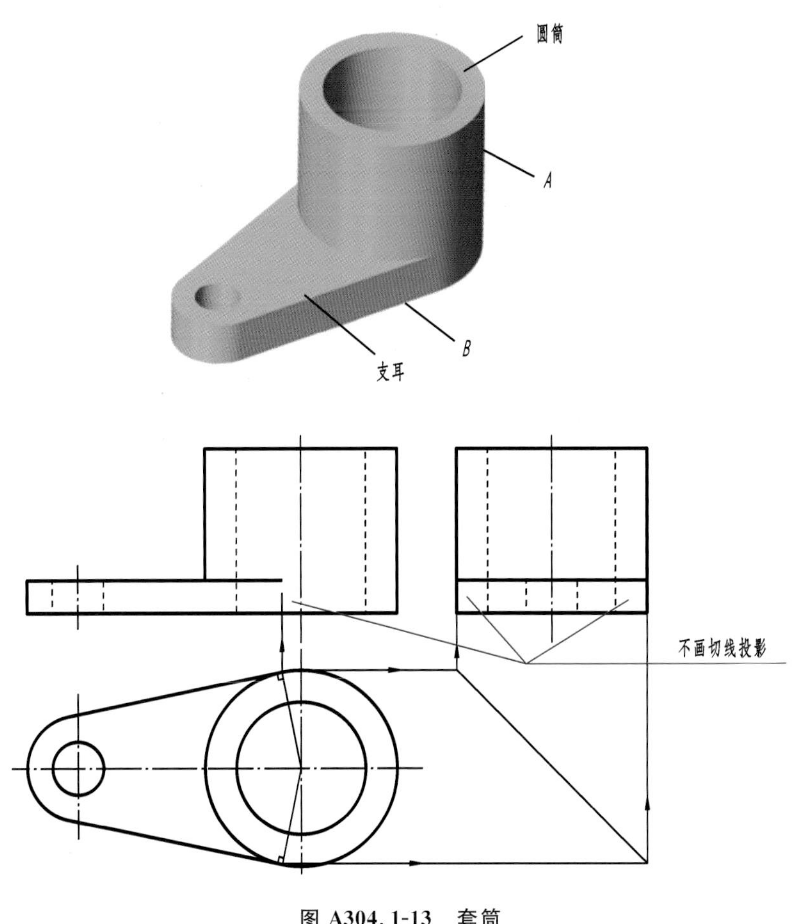

图 A304.1-13 套筒

图 A304.1-14 所示的为圆柱面与半球面相切,其表面应是光滑过渡,切线的投影不画。但有一种特殊情况必须注意,即两个圆柱面相切,当圆柱面的公共平面垂直于投影面时,应画出两个圆柱面的分界线。

11. 叠加型组合体视图的画法示例二

(1) 形体分析和视图选择。

如图 A304.1-15 所示,该组合体由圆筒和支耳两部分叠加而成。选择图示箭头所指的方向为主视图的投影方向。

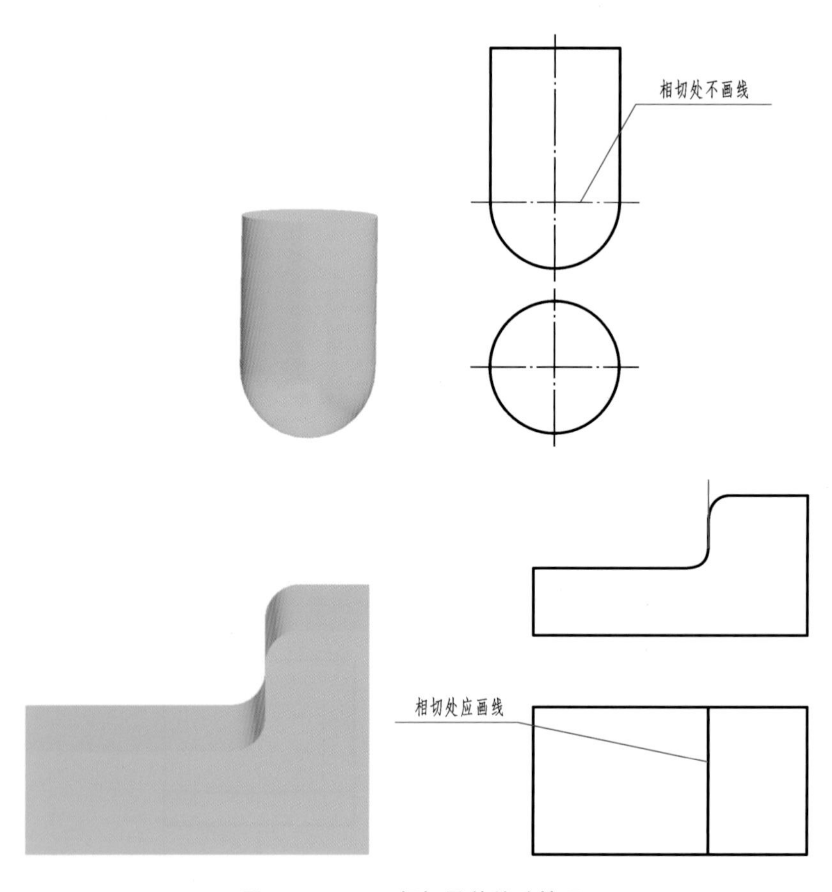

图 A304.1-14　相切及其特殊情况

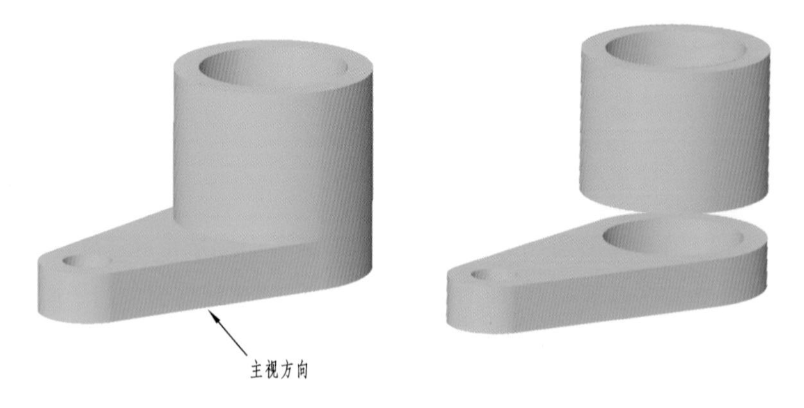

图 A304.1-15　圆筒支耳叠加

（2）视图画法。

圆筒与支耳组合体的画法如图 A304.1-16 所示。

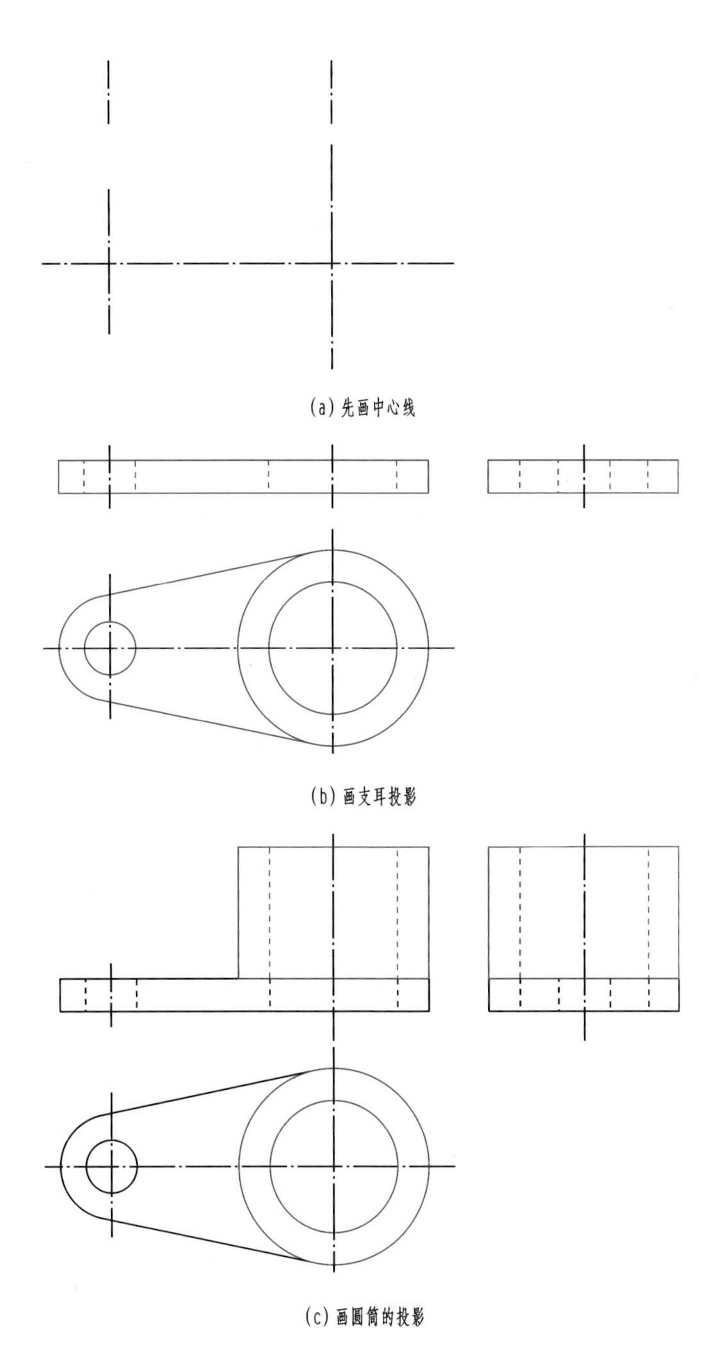

(a) 先画中心线
(b) 画支耳投影
(c) 画圆筒的投影

图 A304.1-16　圆筒与支耳组合体的画法

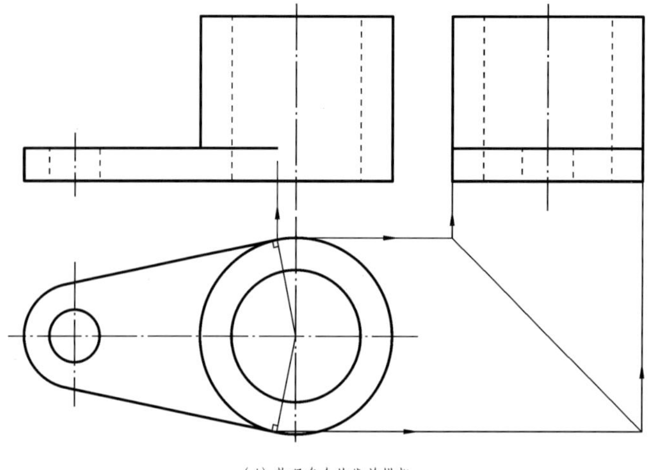

(d)整理多余的线并描粗

续图 A304.1-16

12. 关于角度计算的问题

如图 A304.1-17 所示，作相关辅助线，利用三角函数可得：

$$\sin a = 对边/邻边$$

可以计算出 $a=11.54°$。

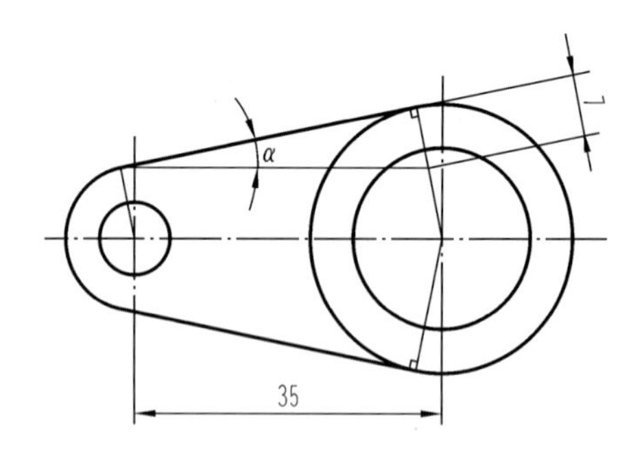

图 A304.1-17　角度计算

链接知识 C401.10 半径样板

半径样板又叫 R 规或半径规，其是带有一组准确内、外圆弧半径尺寸的薄板，用于测量零件上过渡圆角的半径大小。测量样板分为内圆角测量样板和外圆角测量样板两种，分别位于保护板的两端。半径规由精钢制成，叶片具有很高的精度，如图 C401.10-1 所示，其常用的规格有 R1-6.5、R7-14.5 和 R15-25。

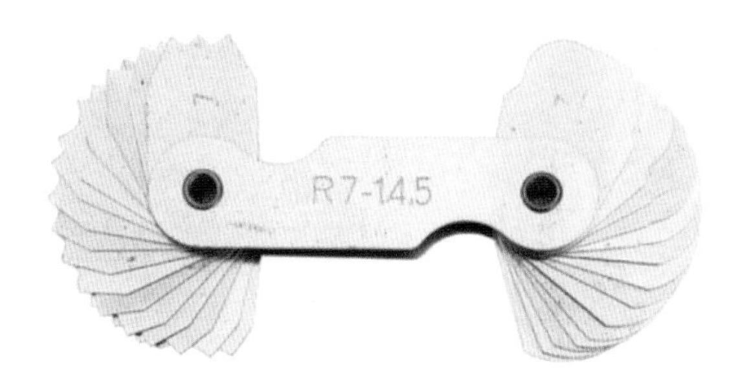

图 C401.10-1　半径样板

（1）半径样板的结构如图 C401.10-2 所示。

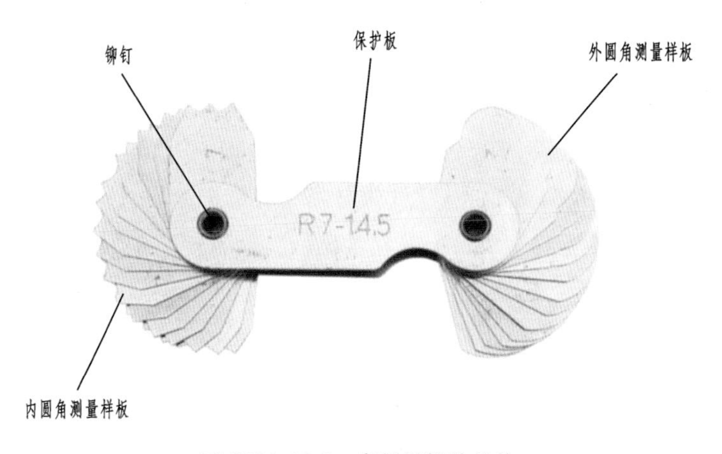

图 C401.10-2　半径样板的结构

（2）使用方法。

半径规是利用光隙法测量圆弧半径的工具。测量时必须使半径规的测量面与工件的圆弧完全、紧密地接触，当测量面与工件的圆弧中间没有间隙时，工件的圆弧值则为此时半径规上对应的数字，如图 C401.10-3 所示。

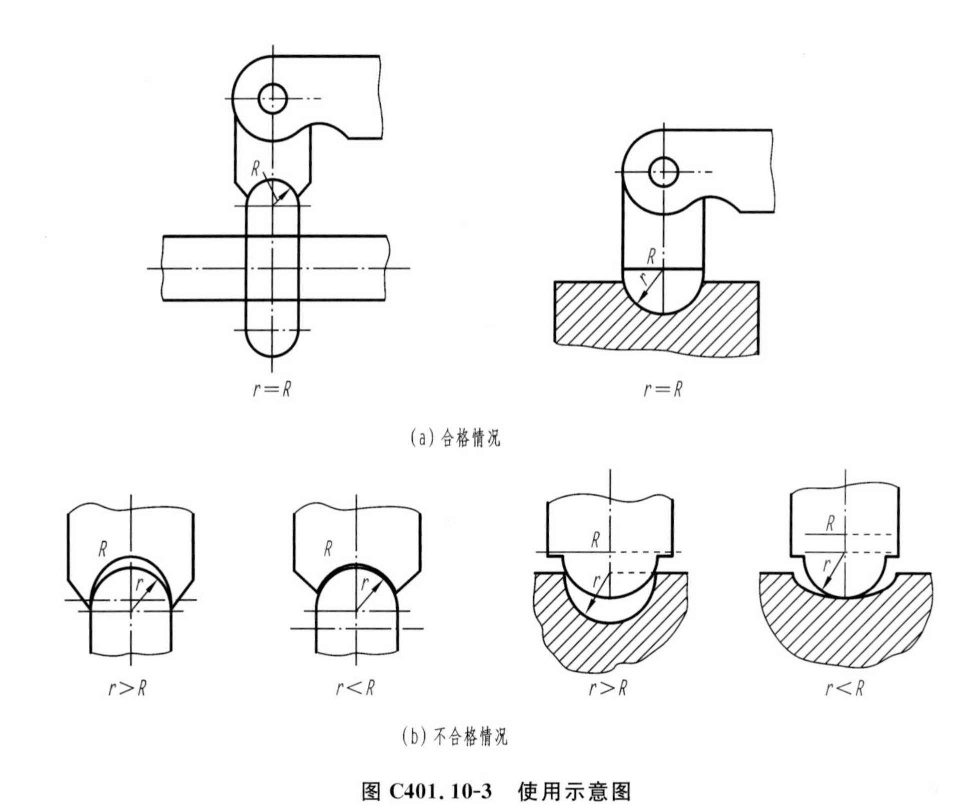

图 C401.10-3 使用示意图

(3) 注意事项。

① 使用半径规前，应先擦净半径规和工件上的灰尘和污垢，测量板不应有性能缺陷。

② 在检验工件时，先用较小半径的样板试测，直到测量样板与测量面较好贴合为止(用光隙法检验)，这时测量样板的半径就是被测量面的过渡半径。注意，测量时，测量样板应大致与过渡面的脊线垂直，这样测量结果才够准确。

③ 测量完毕后，要为测量尺涂上防锈油，并将其折合到保护板内。

链接知识 C401.4 深度游标卡尺

深度游标卡尺用于测量凹槽或孔的深度，梯形工件的梯层高度、长度等，也可简称为深度尺，如图 C401.4-1 所示，其常见规格有 0～200 mm、0～300 mm 等。

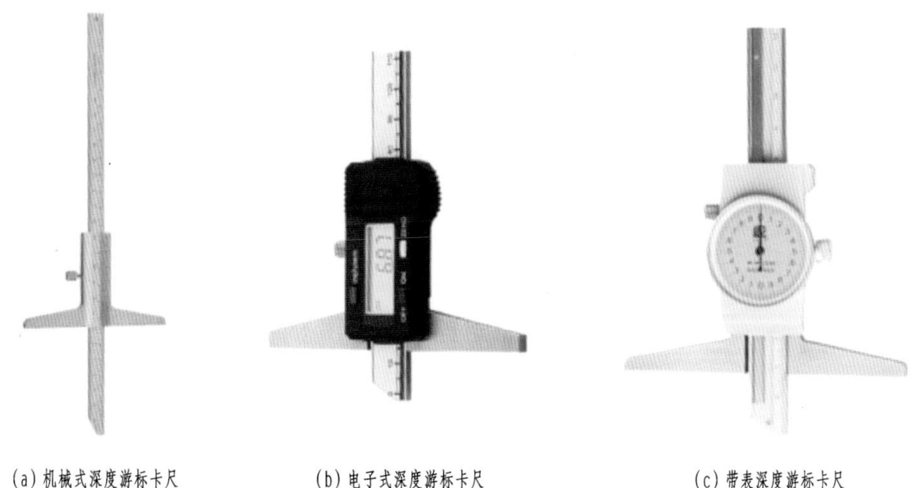

(a) 机械式深度游标卡尺　(b) 电子式深度游标卡尺　(c) 带表深度游标卡尺

图 C401.4-1　深度游标卡尺

(1) 深度游标卡尺的结构如图 C401.4-2 所示。

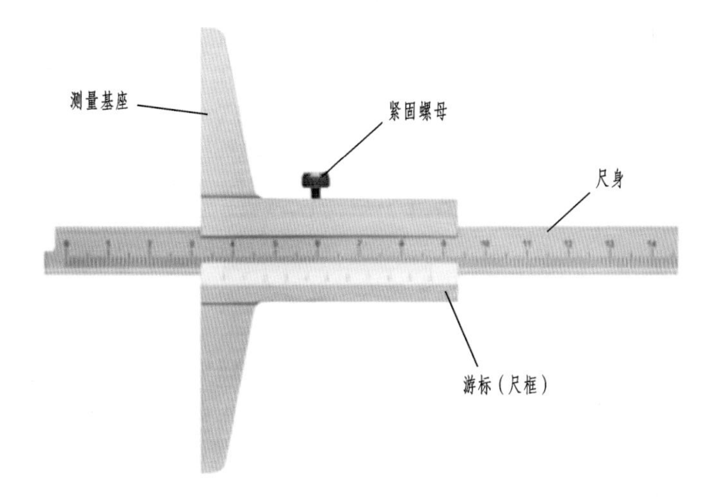

图 C401.4-2　深度游标卡尺的结构

（2）深度游标卡尺的使用范围如图 C401.4-3 所示。

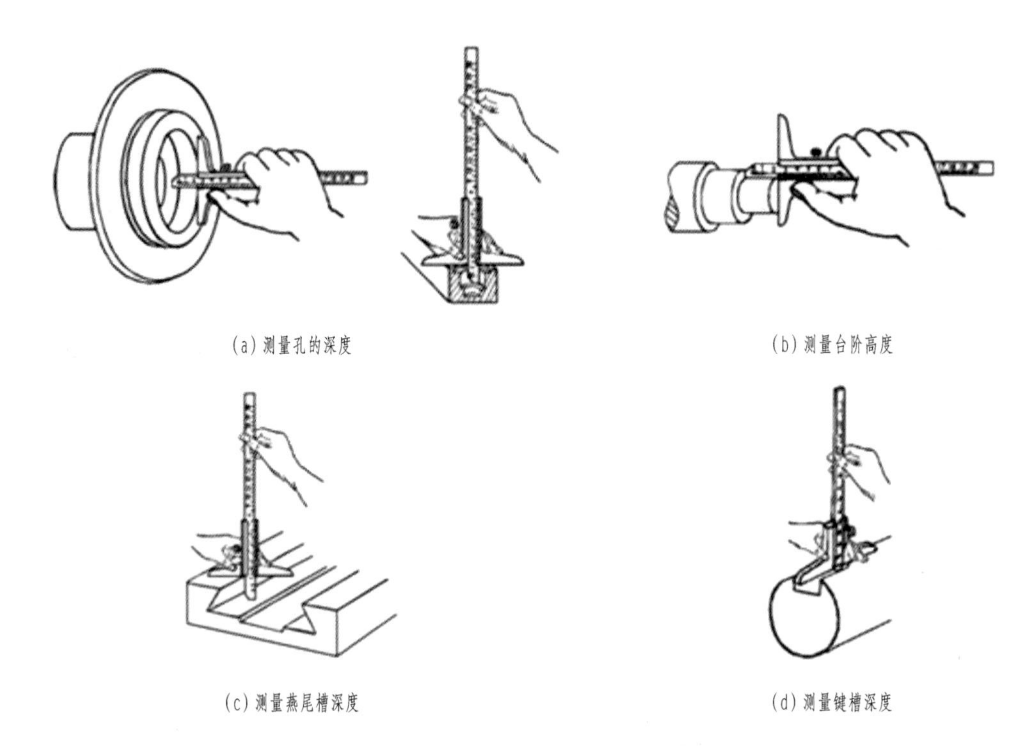

（a）测量孔的深度

（b）测量台阶高度

（c）测量燕尾槽深度

（d）测量键槽深度

图 C401.4-3　深度游标卡尺的使用范围

（3）深度游标卡尺的读数方法与普通游标卡尺的相同。

（4）使用注意事项。

① 使用前应明确所用深度游标卡尺的量程、精度是否符合被测零件的要求。

② 使用前应检查深度游标卡尺是否完整且无任何损伤，移动尺框时，活动要自如，不应过松或过紧，更不能有晃动现象。

③ 使用前应用棉布将深度游标卡尺擦拭干净，检查尺身和副尺的刻线是否清晰，尺身有无弯曲变形、锈蚀等现象，校验零位、检查各部分作用是否正常。

④ 使用时应轻拿轻放，不得使其发生碰撞或跌落。不要用其来测量粗糙的物件，以免过早损坏测量面。

链接知识 C401.5 外径千分尺

1. 外径千分尺

外径千分尺有机械式的和电子式的两种，它是比游标卡尺更精密的长度、直径测量仪器，它的规格依 25 mm 间格行程划分，常用的规格有 0～25 mm、25～50 mm、50～75 mm、75～100 mm、100～125 mm 等，如图 C401.5-1 所示。

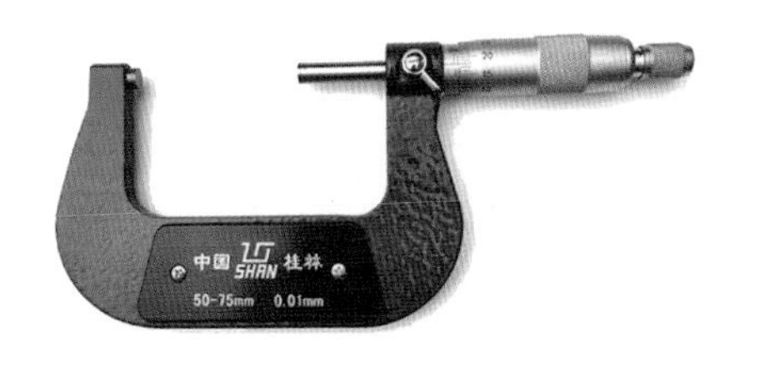

(a) 机械式外径千分尺

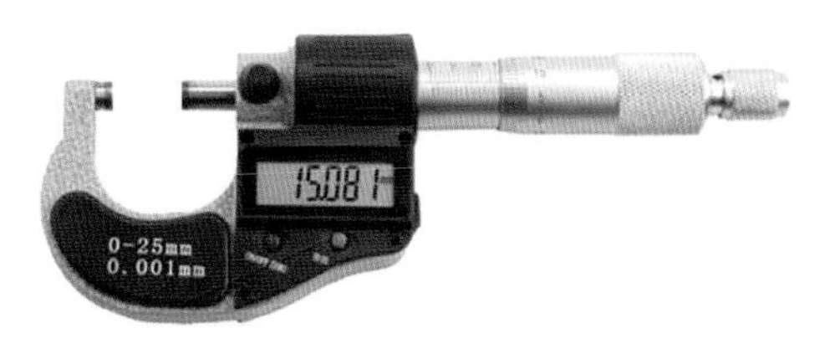

(b) 电子式外径千分尺

图 C401.5-1 外径千分尺

(1) 机械式外径千分尺的结构如图 C401.5-2 所示。

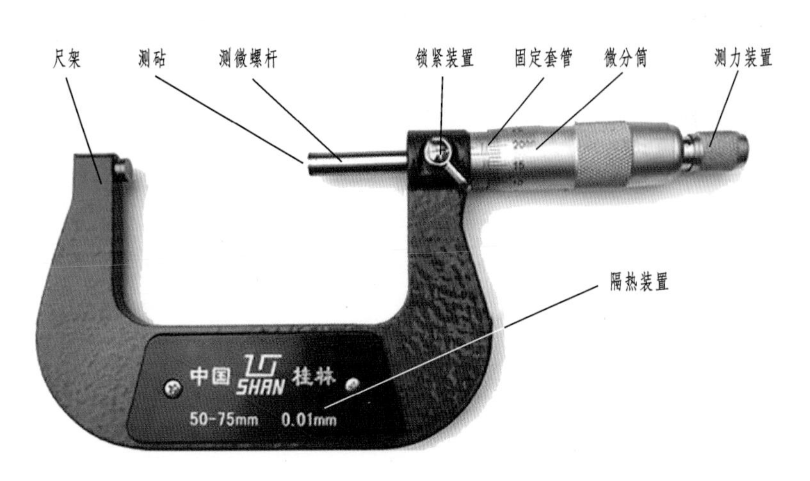

图 C401.5-2 机械式外径千分尺的结构

(2) 机械式外径千分尺的工作原理。

根据螺旋运动原理，当微分筒旋转一周时，测微螺杆前进或后退一个螺距(0.5

mm)。这样，当微分筒旋转一个分度后，它转过了$\frac{1}{50}$周，这时螺杆沿轴线移动了$\frac{1}{50}\times$ 0.5 mm=0.01 mm，因此，使用千分尺可以准确读出 0.01 mm 的数值。

(3) 校尺。

① 擦净检棒(如图 C401.5-3 所示)、测砧两端。

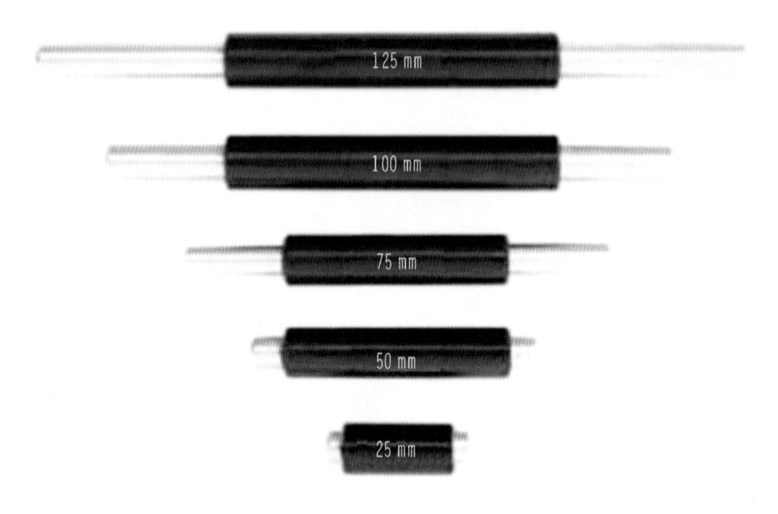

图 C401.5-3　检棒

② 旋转微分筒使测砧间距离约大于校对检棒长度，用测砧的固定端轻轻地接触校对检棒一端，旋转微分筒，当活动测砧接近校对检棒时，改用测量装置调解，待测力装置发出"卡卡"的响声后即可。

③ 在整个过程中，校对检棒、测砧应尽可能同心。

④ 观察微分筒上的 0 刻度线是否对齐，如不齐可用专用扳手调解或返修。

(4) 读数方法。

① 先读整数——从固定套管中线上侧读出整数刻度。

② 再读小数——从中线下侧读出 0.5 mm 小数，再从微分筒上读出与固定套管中线对齐的刻度。

③ 测量值=固定套管读数(整数)+微分筒读数(小数)，如图 C401.5-4 所示。

注意：应保证被测表面为最大直径；测量截面应与测量爪垂直。

(5) 注意事项。

① 轻拿轻放。

② 千分尺是一种精密量具，使用时应小心谨慎，动作轻缓，不要让它受到打击和碰撞。千分尺内的螺纹非常精密，使用时要注意。在转动旋钮和测力装置时不能过分用力。当转动旋钮使测微螺杆靠近待测物时，一定要改旋测力装置，不能使螺杆压在待测

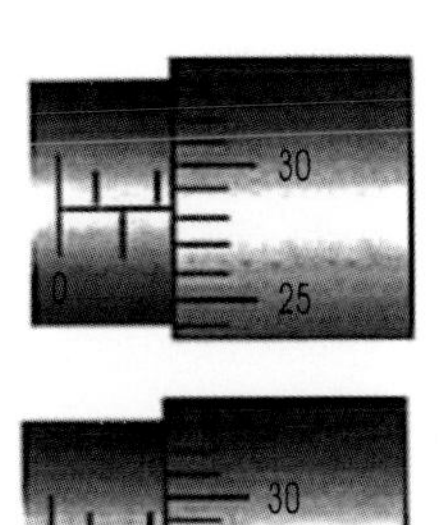

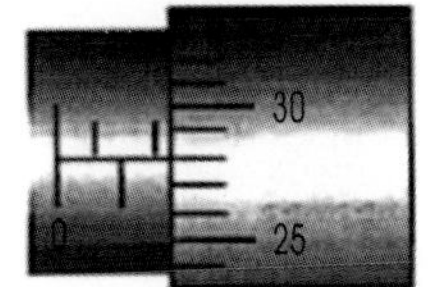

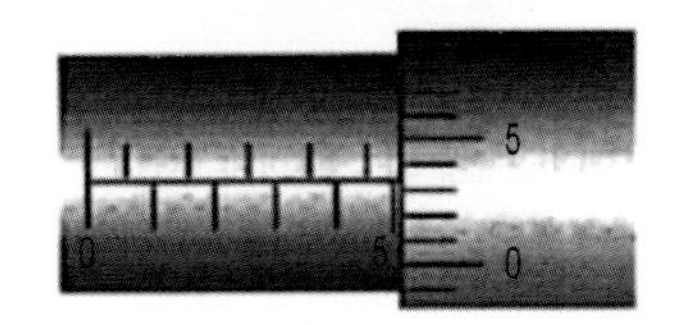

图 C401.5-4　读数示例

物上；当测微螺杆与测砧已将待测物卡住或已旋紧锁紧装置时，决不能强行转动旋钮，待测力装置发出“卡卡”的响声后，就可读取数据。

③ 有些千分尺为了防止手温使尺架膨胀引起微小误差，在尺架上装了隔热装置，此时应手握隔热装置，尽量少接触尺架的金属部分。

④ 使用千分尺测同一长度时，一般应反复测量几次，取平均值作为测量结果。

⑤ 使用完后将千分尺放在卡尺盒内或放在规定位置处，其不能与工件、刀具等放在一起。

链接知识 C401.6 内测千分尺

内测千分尺主要用于测量内径、槽宽等，有机械式的和电子式的两种，如图C401.6-1所示，常见的规格有 5～30 mm、25～50 mm、50～75 mm、75～100 mm 等。

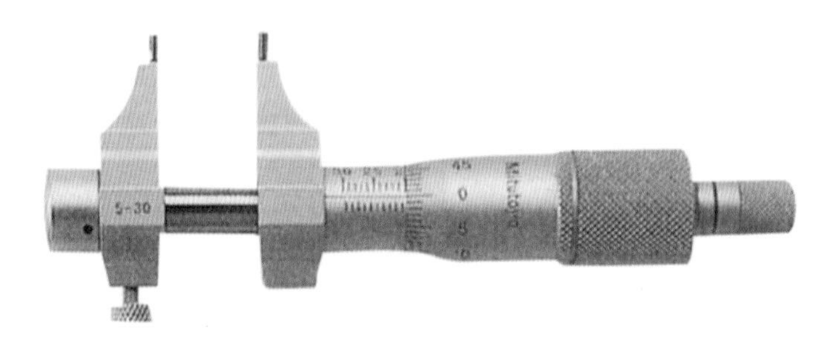

(a) 机械式内测千分尺

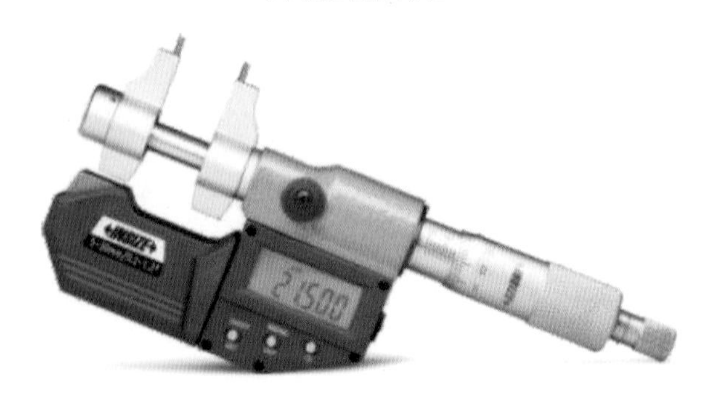

(b) 电子式内测千分尺

图 C401.6-1　内测千分尺

(1) 内测千分尺的结构如图 C401.6-2 所示。

(2) 使用方法。

使用内径千分尺时，先将千分尺调整到比被测尺寸略小一些，然后把千分尺放进被测孔内，左手拿住固定测量爪，令固定测量爪轻轻地接触被测表面，调节微分筒使活动测量爪轻轻地接触被测量表面，再改为调节测力装置，待测力装置发出“卡卡”的响声后，读取数据。注意：应保证被测表面为最大直径；测量截面应与测量爪垂直。

(3) 校尺。

① 旋转微分筒使测爪间距离约小于校对环规，环规如图 C401.6-3 所示。用测量

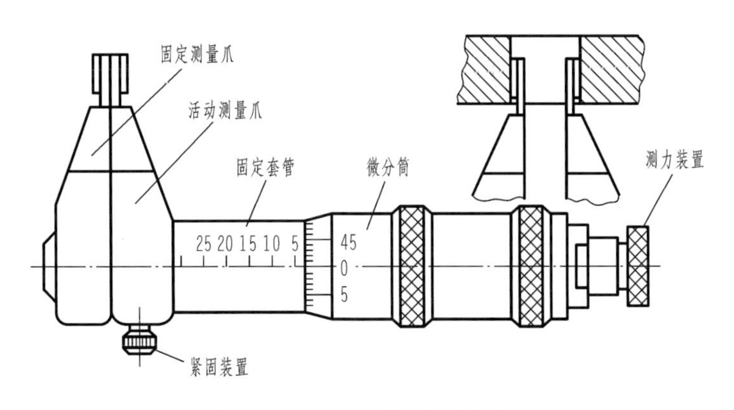

图 C401.6-2 内测千分尺的结构

爪的固定端轻轻地接触校对环规一端，旋转微分筒，当活动测量爪接近校对环规时，改为调节测力装置，待测力装置发出“卡卡”的响声后即可读数。

② 观察微分筒上的 0 刻度线是否对齐，若不齐可用专用扳手调节或返修。

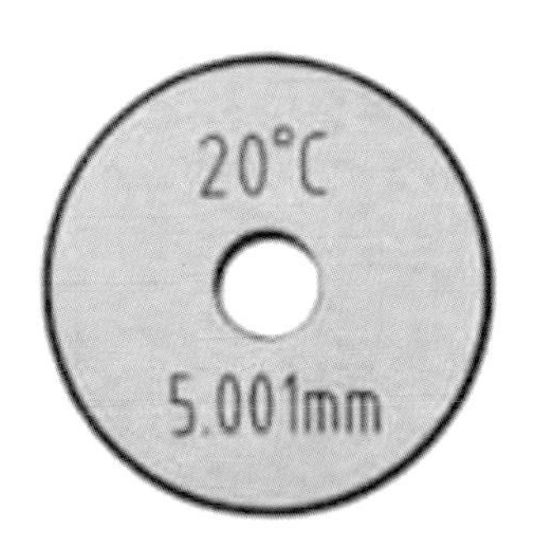

图 C401.6-3 环规

（4）读数方法。

读数＝主尺整毫米数＋半刻度＋分尺数×精度。

压线情况处理原则：看分尺的零刻度线的位置，零刻度线在主尺下，则读出半毫米，零刻度线在主尺上，则不读出半毫米。

如图 C401.6-4 所示，读数应为 19＋0＋0.37＝19.37(mm)。

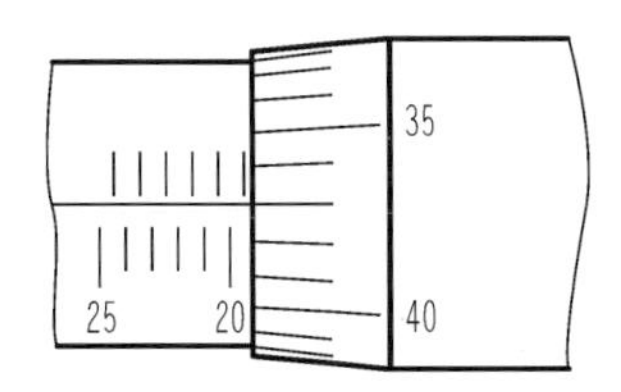

图 C401.6-4 读数示意图

（5）注意事项。

① 轻拿轻放。

② 测量面应该保持干净，使用前应校准尺寸。

③ 测量时，可以轻轻地晃动千分尺，使测量面和零件被测表面接触良好。为了消除测量误差，可在同一检测位置多测几次，取平均值。

④ 使用完后将千分尺放在卡尺盒内或放在规定位置处，不能与工件、刀具等放在一起。

⑤ 如果长时间不用，必须用清洁布或纱布将其擦净，涂好防锈油。

链接知识 A304.2 切割型组合体视图

切割型组合体可以看成是在基本几何体上进行切割、挖槽等得到的组合体。如图A304.2-1所示的物体，绘图时，被切割后的轮廓必须画出来。

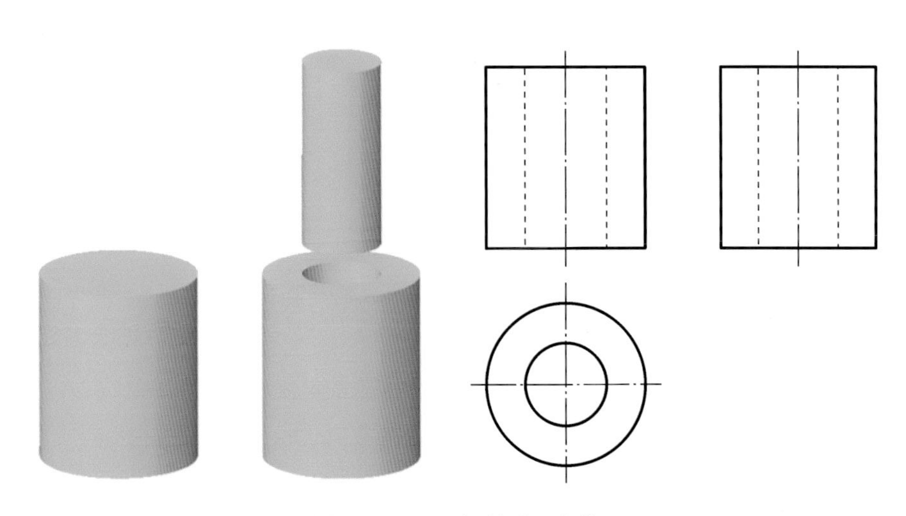

图 A304.2-1 切割型组合体

1. 形体分析和视图选择

如图 A304.2-2 所示，切割体是圆柱体经二次切割形成的。选择图 A304.2-3 中箭头所指的方向为主视图的投射方向(主视方向沿着第二次切割的方向)。

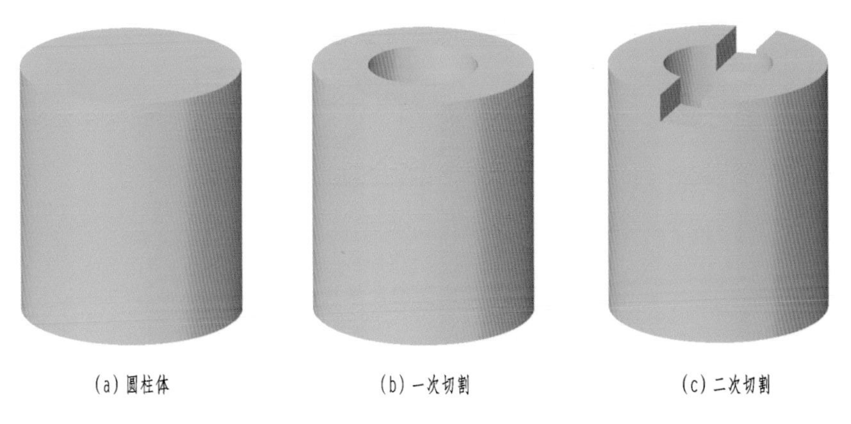

(a) 圆柱体　　(b) 一次切割　　(c) 二次切割

图 A304.2-2 形体分析

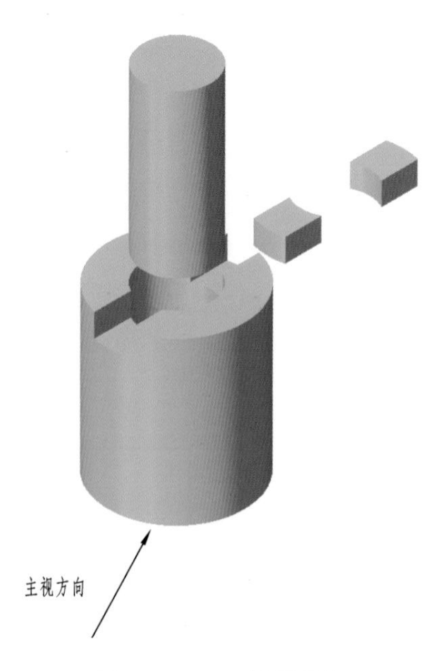

图 A304.2-3 视图选择

2. 视图画法

切割型组合体视图的画法如图 A304.2-4 所示。

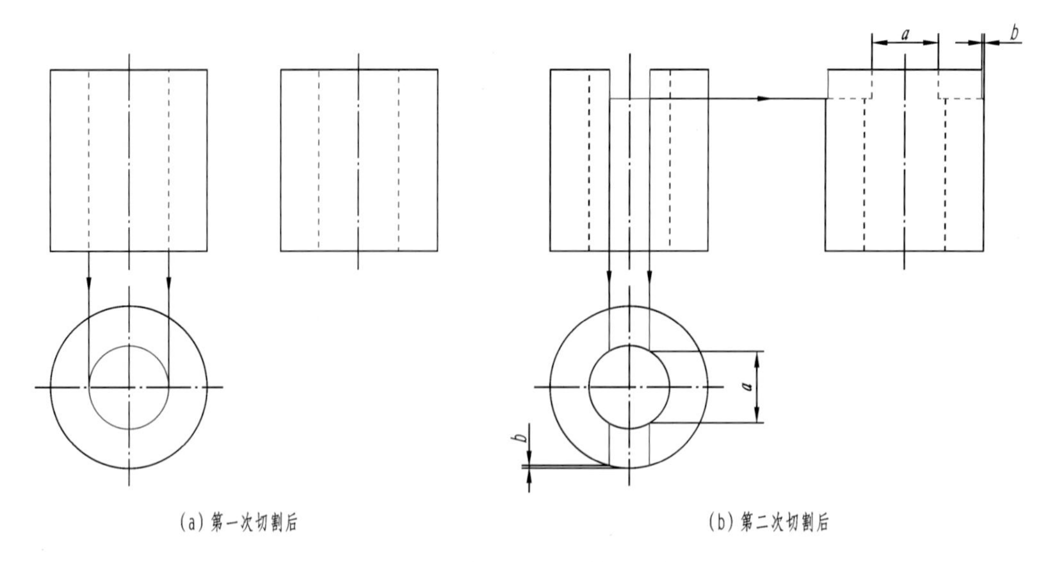

图 A304.2-4 切割型组合体视图的画法

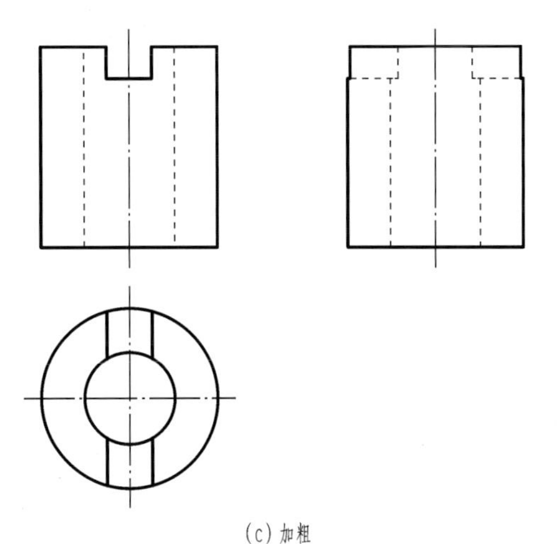

(c)加粗

续图 A304.2-4

链接知识 A304.3　综合型组合体视图

综合型组合体以叠加、切割混合的形式组成，如图 A304.3-1 所示，组合体多数是综合型组合体。

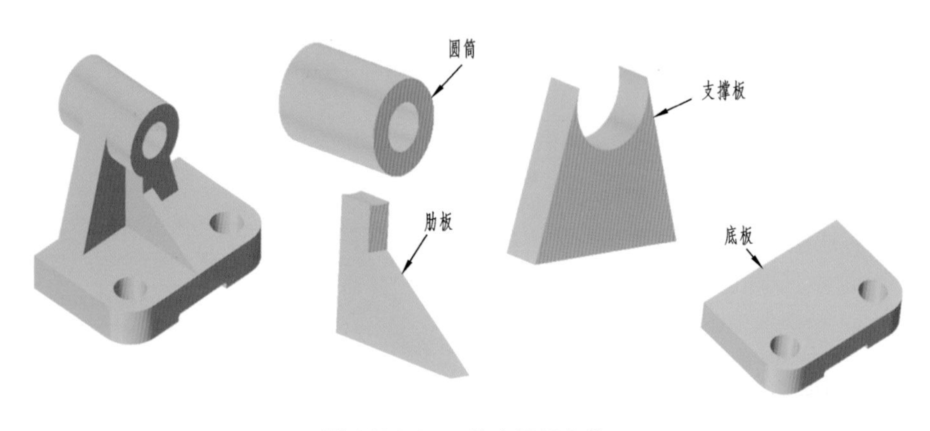

图 A304.3-1　综合型组合体

1. 形体分析

如图 A304.3-2 所示，底座由底板、肋板和圆筒组成。底板、肋板与圆筒在空间中相互垂直的贴合面是平面，肋板与圆筒相交。

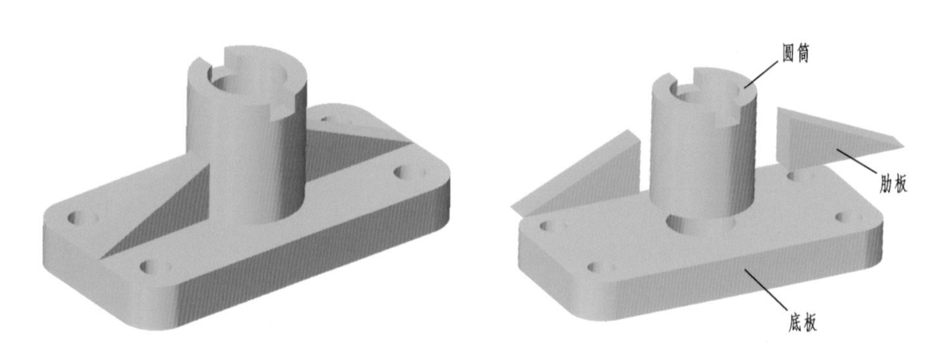

图 A304.3-2　形体分析

2. 视图选择

首先选择主视图的投射方向，如图 A304.3-3 所示，从图形上看，选择 A 方向作为主视图的投射方向能满足要求。俯视图主要表达底板的形状和孔中心位置，左视图主要表达肋板的形状。可见，需要用三个视图才能清楚地表达组合体的的形状。

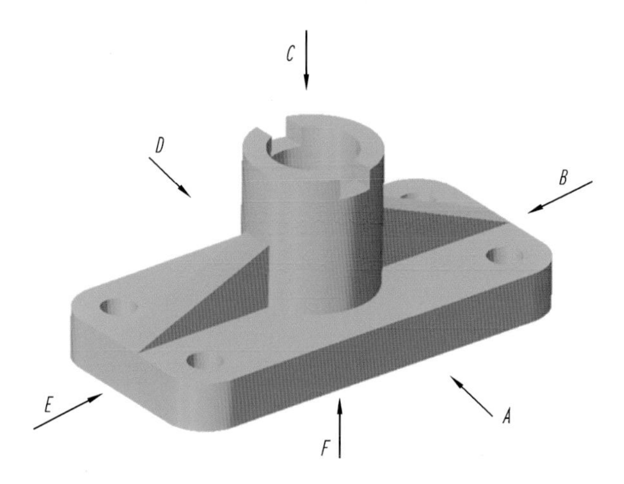

图 A304.3-3　视图选择

3. 视图画法

视图画法如图 A304.3-4 所示。

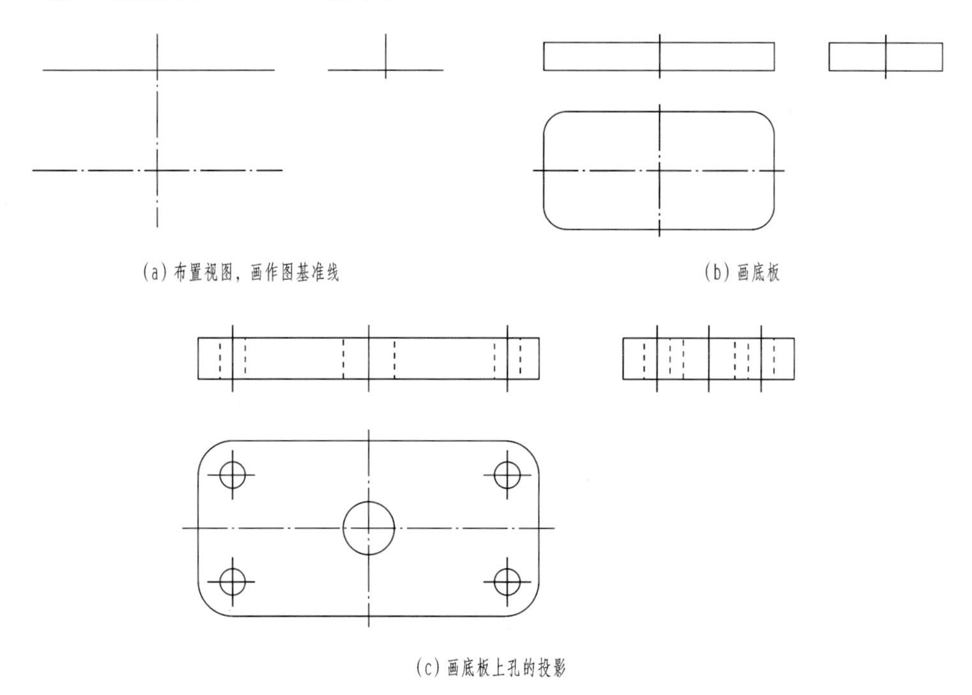

(a) 布置视图，画作图基准线
(b) 画底板
(c) 画底板上孔的投影

图 A304.3-4　视图画法

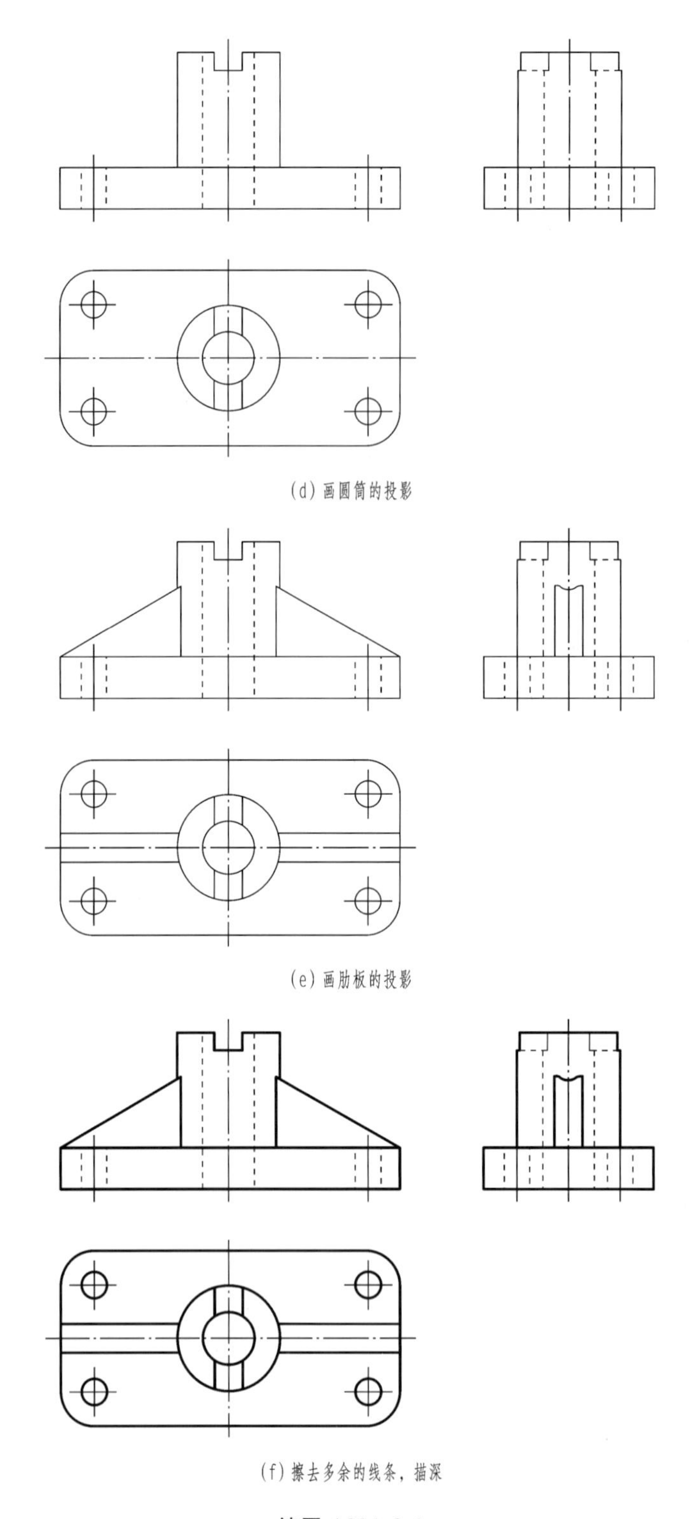

(d) 画圆筒的投影

(e) 画肋板的投影

(f) 擦去多余的线条，描深

续图 A304.3-4

链接知识 A305 组合体的尺寸标注

1. 标注原则

组合体各形体的真实大小及相对位置，必须通过标注尺寸来确定。工业生产中的零件尺寸依据的就是零件图样上所标注的尺寸。对于零件的检测、装配等过程，尺寸标注同样起着重要作用。

标注尺寸时必须满足以下原则。

(1) 正确性——尺寸注写要符合国家标准《机械制图》中有关尺寸注法的规定。

(2) 完整性——尺寸必须注写齐全，不遗漏、不重复。

(3) 清晰性——尺寸的注写要整齐、清晰，便于读图。

(4) 合理性——所注尺寸既能满足设计要求，又能适合加工、检验、装配等生产工艺要求。

2. 尺寸分类

(1) 定形尺寸——用于确定组合体各组成部分的形状和大小的尺寸。

(2) 定位尺寸——用于确定组合体各组成部分之间相对位置的尺寸。

(3) 总体尺寸——用于确定组合体长、宽、高三个方向的最大外形的尺寸。

标注时，将组合体分解为若干个基本体，对每一个基本体作出“定形”标注，再对基本体之间的相对位置作出“定位”标注，最后是“总体”的标注。

3. 组合体的定位尺寸

在标注定位尺寸之前，必须先选定尺寸基准。需要标注长、宽、高三个方向的尺寸，每个方向至少要有一个基准。如果同一方向上有多个尺寸基准，则以其中一个为主要基准，其余为辅助基准。辅助基准与主要基准之间必须有尺寸联系。

尺寸基准即尺寸标注的起点，常以底面、端面、对称平面、回转体的轴线及圆的中心线等作为尺寸基准。

如图 A305-1 所示，对于由两个四棱柱上下叠加形成的组合体，其定位尺寸就是能将两基本体之间的相对位置确定到位的尺寸。三个方位(长、宽、高)的尺寸基准如图 A305-1 所示。

高度基准为形体的底面，长度基准为形体右端面，宽度基准为形体前端面。确定了基准之后，以基准面为起点，注出长、宽、高三个方位的定位尺寸。

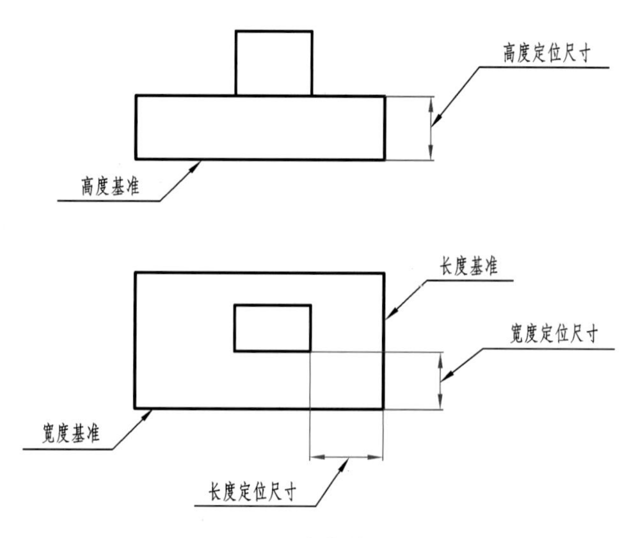

图 A305-1　组合体的定位尺寸 1

当两基本体叠加时，若组合体在某个方位上有对称、平齐等情况，可由视图明显地反映出来时，则可省去该方位的定位尺寸，如图 A305-2 所示。

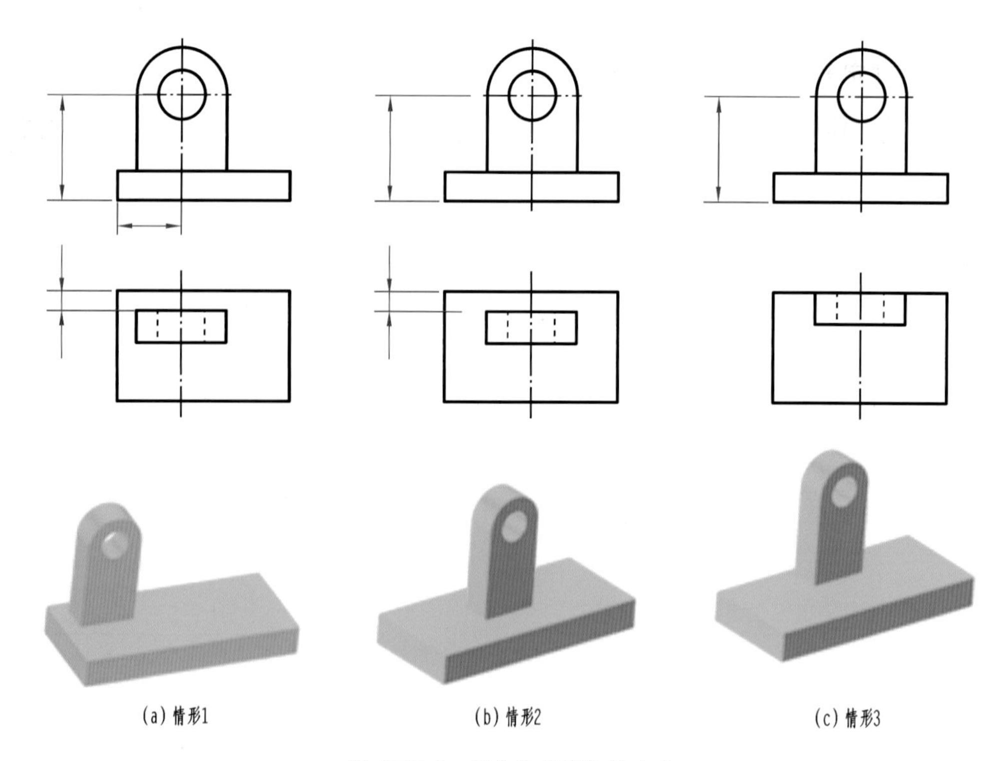

图 A305-2　组合体的定位尺寸 2

当组合体左右、前后均不对称,也不平齐时,定位尺寸如图 A305-2(a)所示;当组合体左右对称,前后不对称也不平齐时,定位尺寸如图 A305-2(b)所示;当组合体左右对称,前后不对称但后端面平齐时,定位尺寸如图 A305-2(c)所示。

图 A305-3 所示的为一组孔的定位尺寸和圆柱体的定位尺寸。

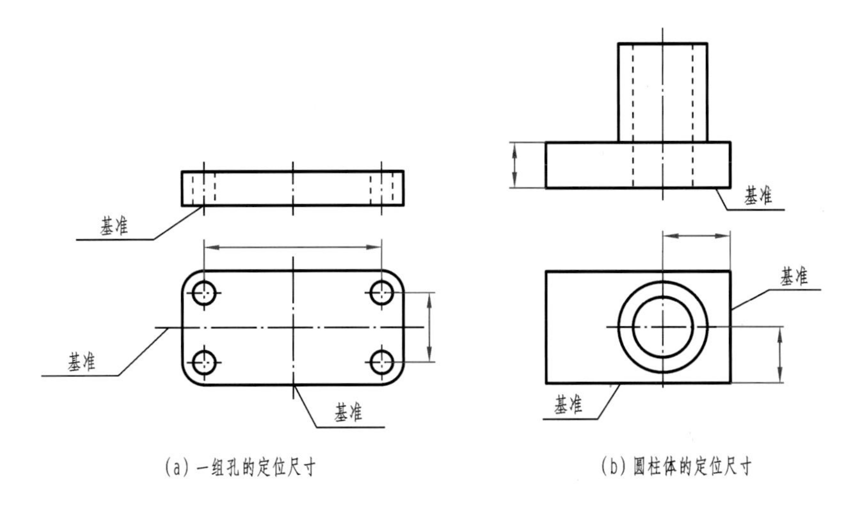

图 A305-3 组合体的定位尺寸 3

4. 标注定形、定位尺寸时应注意的问题

(1) 基本体被平面截切时,要标注基本体的定形尺寸和截平面的定位尺寸,如图 A305-4 所示。注意:不能在截交线上直接标注尺寸。

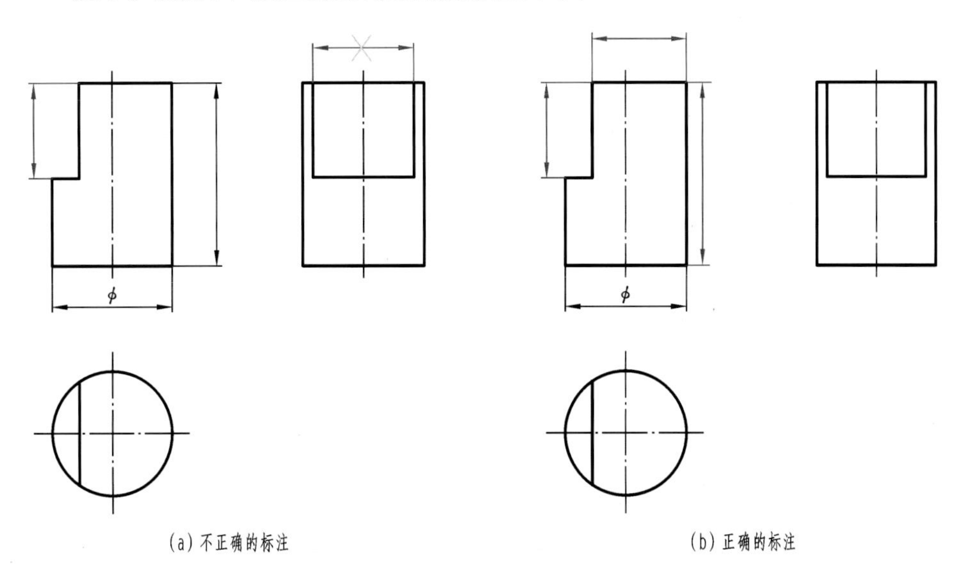

图 A305-4 基本体被截切的定形、定位尺寸注法

（2）当形体的表面具有相贯线时，应标注产生相贯线的两基本体的定形、定位尺寸，如图 A305-5 所示。注意：不能在相贯线上直接标注尺寸。

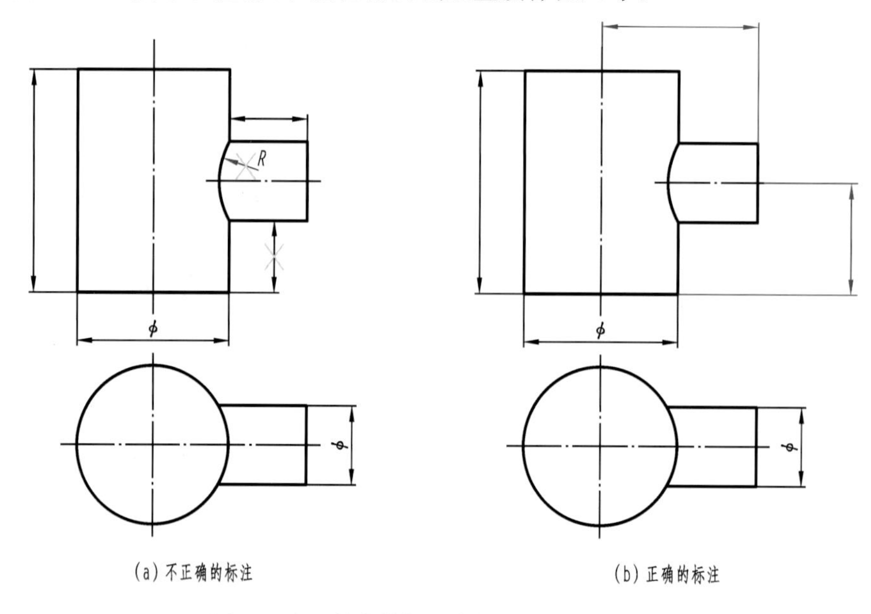

图 A305-5　基本体相贯的定形、定位尺寸注法

（3）对称结构的尺寸不能只注一半，如图 A305-6 所示。注意：对于多个半径、直径的标注，不可出现图 A305-6(a)中所示的错误。

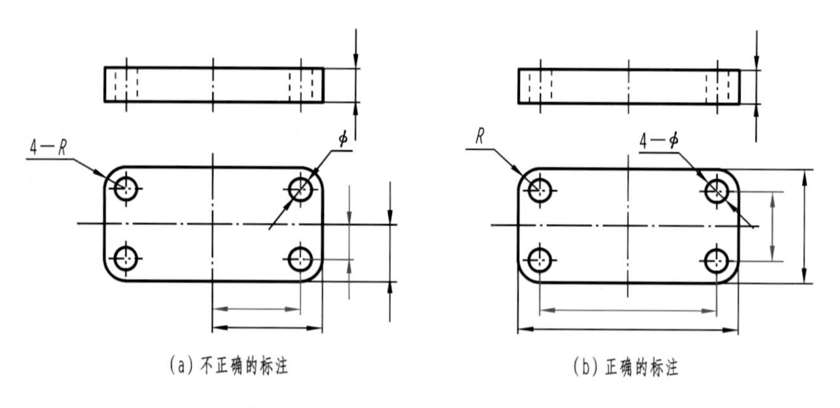

图 A305-6　对称结构的尺寸注法

5. 组合体的总体尺寸

组合体尺寸标注的最后一项任务是标注总体尺寸，以标出形体长、宽、高三个方向的最大外形尺寸。

在具体的标注中，总体尺寸有时可能就是某形体的定形尺寸或定位尺寸，这时不必再次注出。当标注总体尺寸后出现多余尺寸时，需作调整，避免出现封闭尺寸链。

图 A305-7(a)所示的为某组合体的形体。将其分解为上下两个基本体，分别标注其定形尺寸、定位尺寸、总体尺寸。作图步骤如下。

(1) 标注定形尺寸，如图 A305-7(b)所示。

(2) 标注定位尺寸，如图 A305-7(c) 所示，其中，高度的定位尺寸就是大棱柱高度的定形尺寸(一个尺寸双重意义)。

(3) 标注总体尺寸，形体总长、总宽就是大棱柱长与宽的定形尺寸，不必再标注，只需另标总高尺寸，如图 A305-7(d)所示。但是标注总高尺寸之后，高度尺寸出现了封闭尺寸链，调整后得到图 A305-7(e)。

6. 标注总体尺寸时应注意的问题

当组合体的某一方向具有回转结构时，由于注出了定形尺寸、定位尺寸，该方向的总体尺寸不必再注出。如图 A305-8 所示。

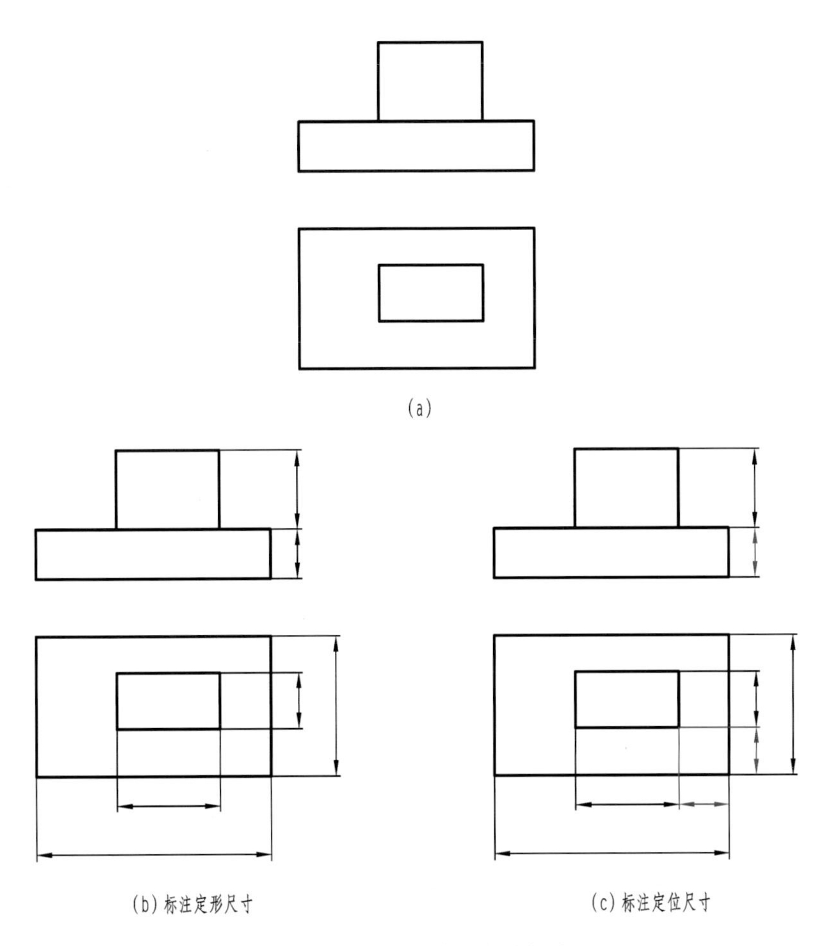

图 A305-7　组合体的尺寸标注

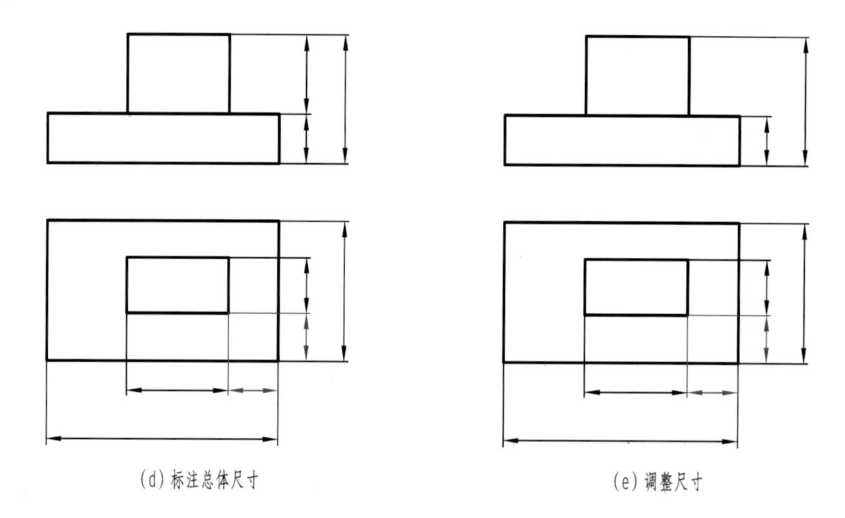

(d) 标注总体尺寸　　(e) 调整尺寸

续图 A305-7

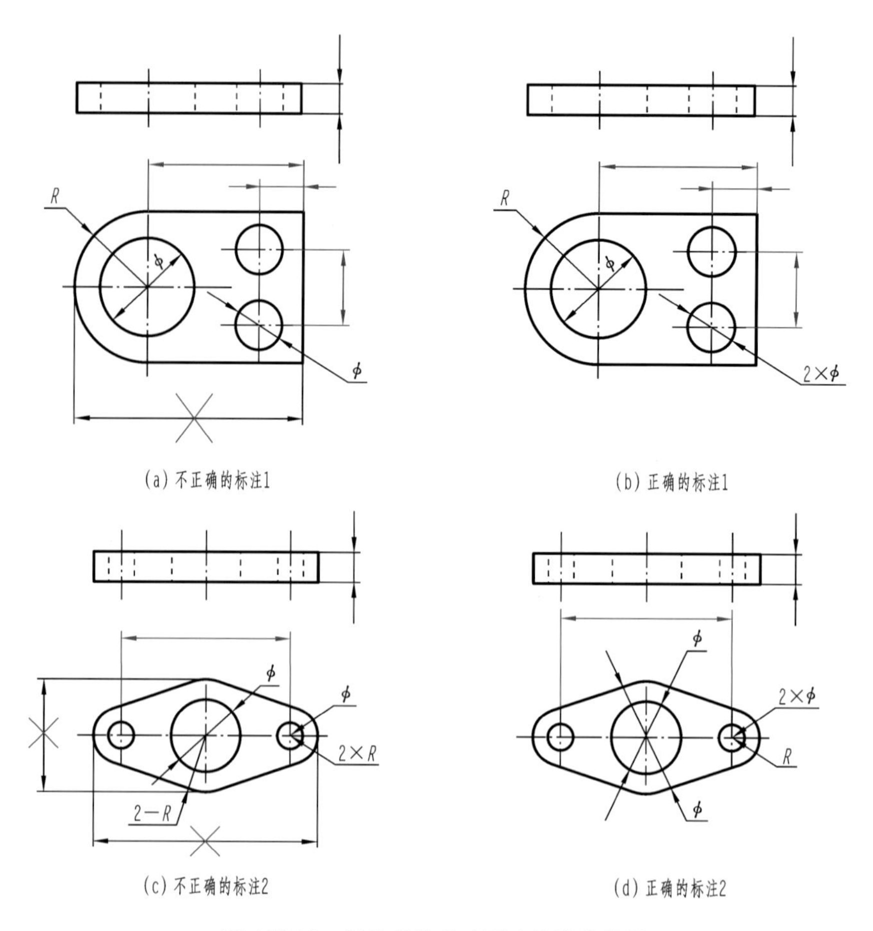

(a) 不正确的标注1　　(b) 正确的标注1

(c) 不正确的标注2　　(d) 正确的标注2

图 A305-8　标注总体尺寸时应注意的问题

7. 轴承座的尺寸标注

轴承座的三视图如图 A305-9(a)所示,标注步骤如下。

(1) 形体分析。将组合体分解成底板、套筒、支撑板、肋板四部分。

(2) 确定尺寸基准。由于该形体左右对称,则长度基准必须选择为其对称中心线,高度基准为形体底面,宽度基准为底板后端面,如图 A305-9(b)所示。

(3) 依次标注各形体的定形尺寸、定位尺寸。

① 底板涉及 8 个尺寸,其中,2 个注写★号的为定位尺寸,如图 A305-9(b)所示。

② 套筒涉及 5 个尺寸,2 个注写★号的为定位尺寸,如图 A305-9(c)所示。

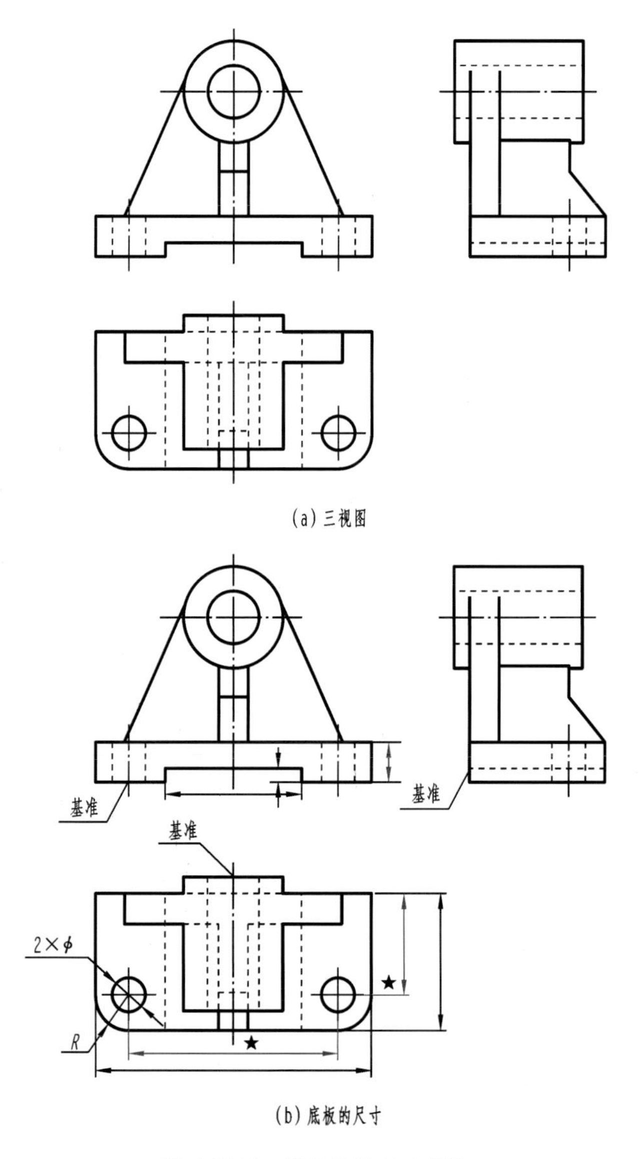

(a) 三视图

(b) 底板的尺寸

图 A305-9 轴承座的尺寸标注

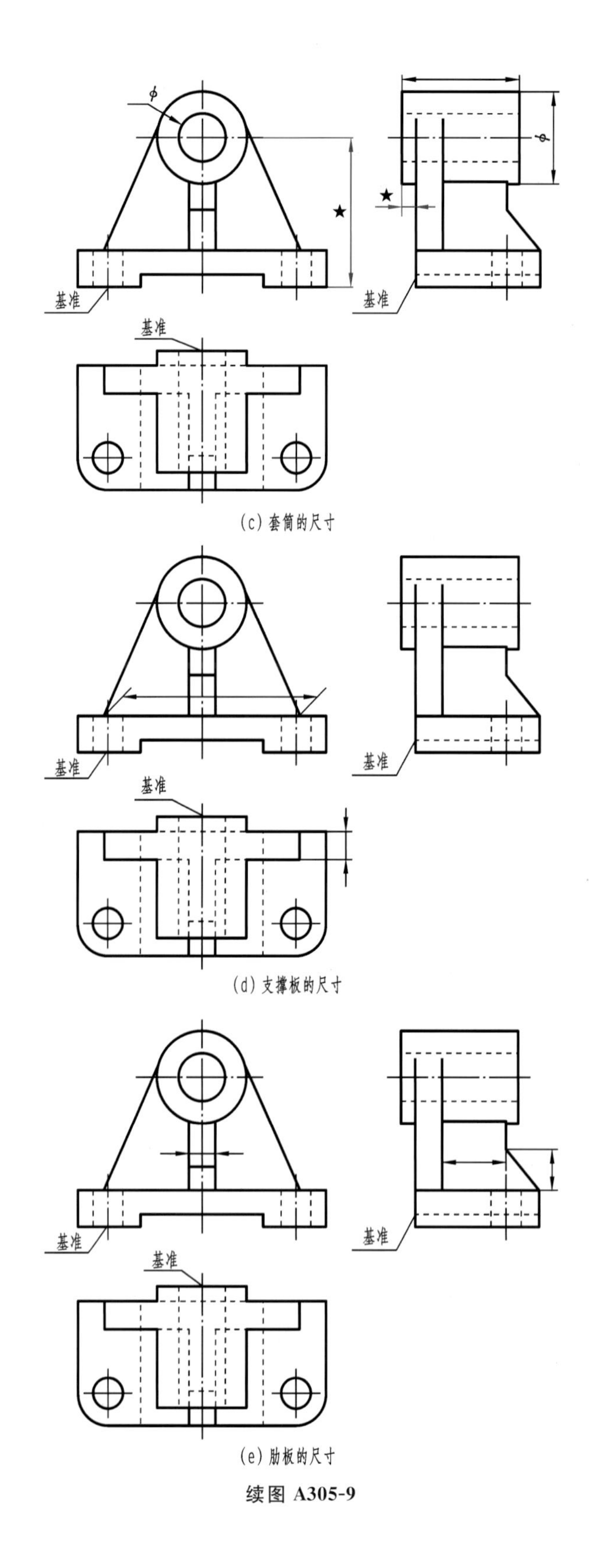

续图 A305-9

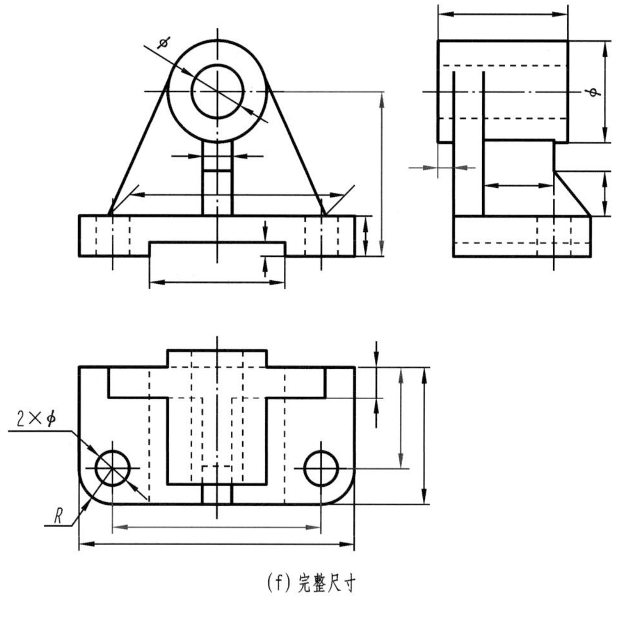

(f) 完整尺寸

续图 A305-9

③ 支撑板涉及 2 个定形尺寸，由于其与套筒相切，高度及两切点间距都不需要再进行标注。因为其长度居中，宽度与后端面基准平齐，因此，不需要标注定位尺寸，如图 A305-9(d)所示。

④ 肋板涉及 3 个定形尺寸，如图 A305-9(e)所示。

(4) 分析总体尺寸。在前面的尺寸标注过程中，总体尺寸已生成，不需再标注。

(5) 检查整理各项尺寸，做到不重复、不遗漏，完整尺寸如图 A305-9(f)所示。

8. 常见底板、法兰盘的尺寸标注

底板、法兰盘这一类结构件在机件构造中经常使用。熟悉这些结构件的尺寸标注，对零件图、装配图的尺寸标注学习非常有利，具体示例如图 A305-10 所示。

9. 尺寸的清晰标注

尺寸不仅要标注完整，而且要清晰、整洁，便于阅读和理解。因此，必须注意尺寸线、尺寸界线和尺寸数字在图上的排列和布置。

(1) 尺寸应尽量标注在视图外面，以免尺寸线、尺寸数字与视图的轮廓线相交，如图 A305-11 所示。

(2) 对于同心圆柱的直径尺寸，其最好注在非圆的视图上，如图 A305-12 所示。

(3) 对于相互平行的尺寸，应按大小顺序排列，小尺寸在内，大尺寸在外，如图 A305-13 所示。

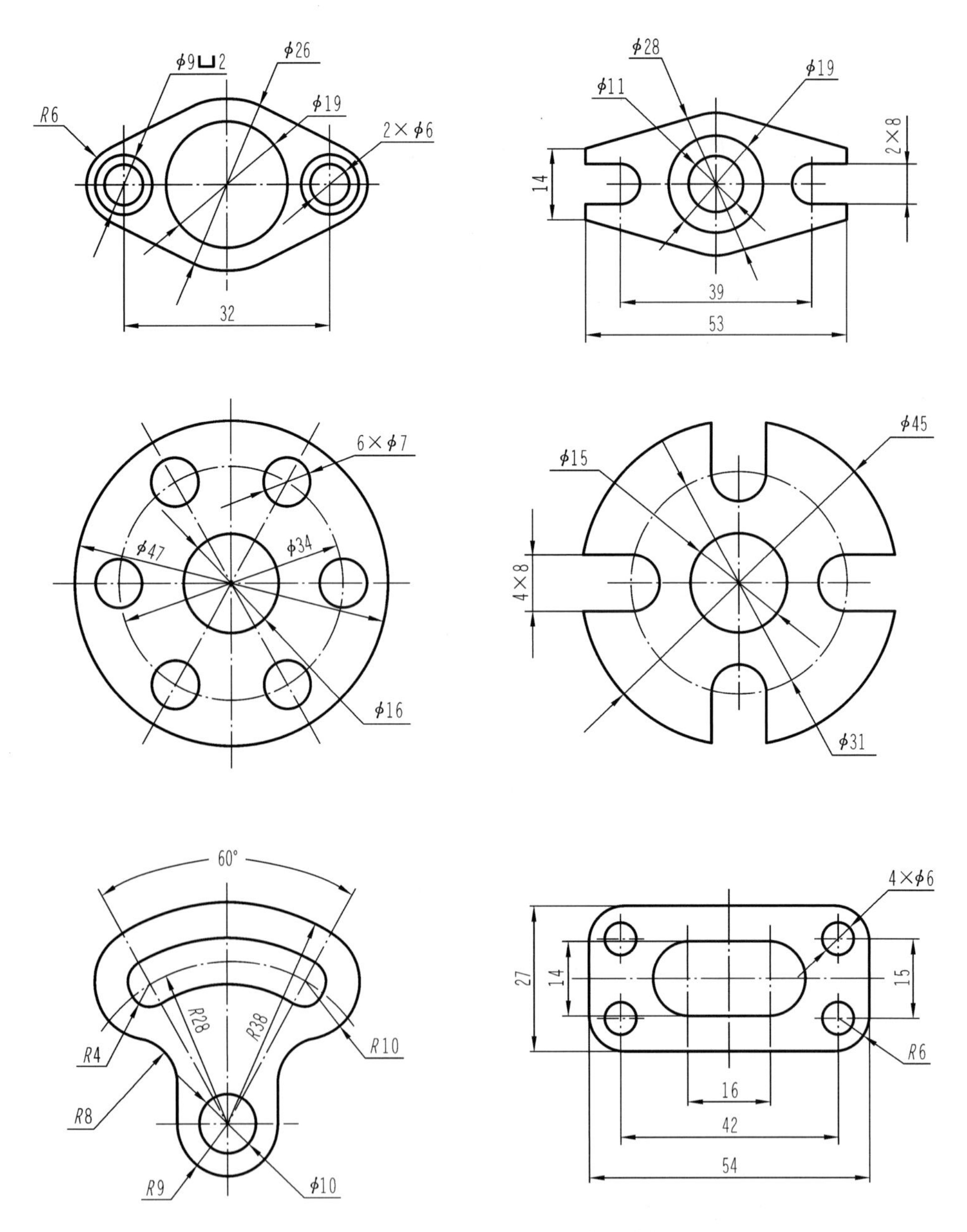

图 A305-10 常见底板、法兰盘的尺寸标注

(4) 尽量不要在虚线上标注尺寸，应将尺寸标注在可见轮廓线上，如图 A305-14 所示。另外，尺寸应尽可能标在表示形体特征最明显的视图上，如圆柱体上凹槽的宽度尺寸 10 mm、深度尺寸 5 mm，应标注在图 A305-14(b)中所示的位置上。另外，要注意半径尺寸的标注，缩写符 R 前不能添加“2—”。

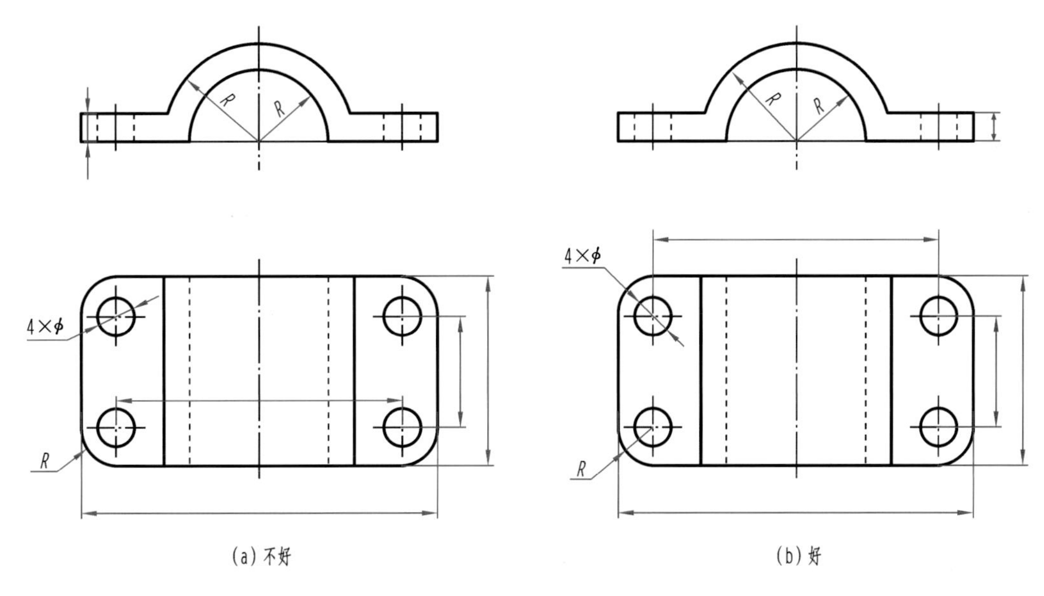

图 A305-11　尺寸的清晰标注 1

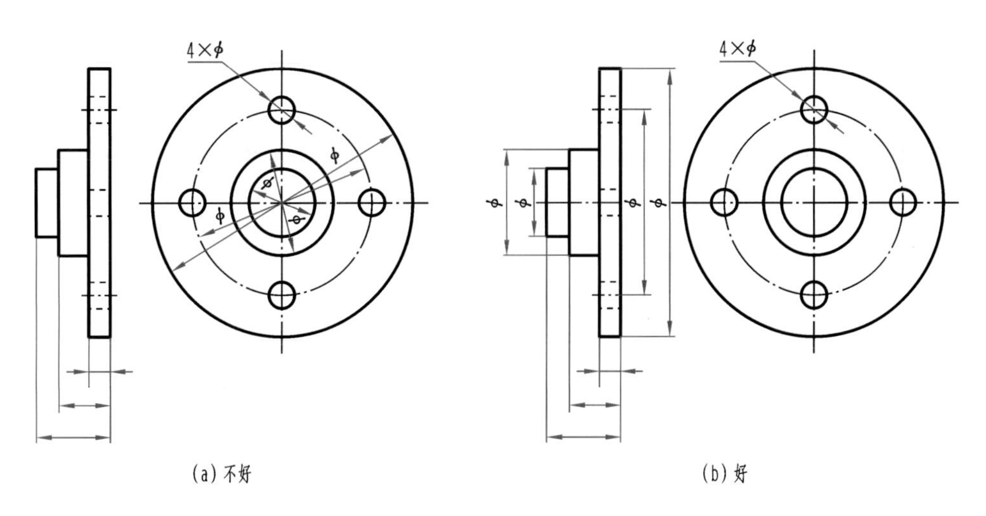

图 A305-12　尺寸的清晰标注 2

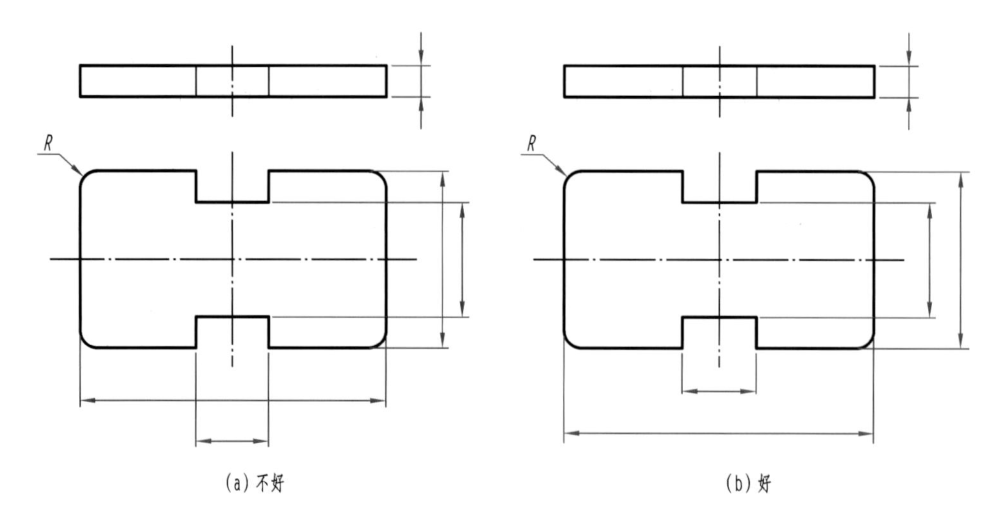

图 A305-13 尺寸的清晰标注 3

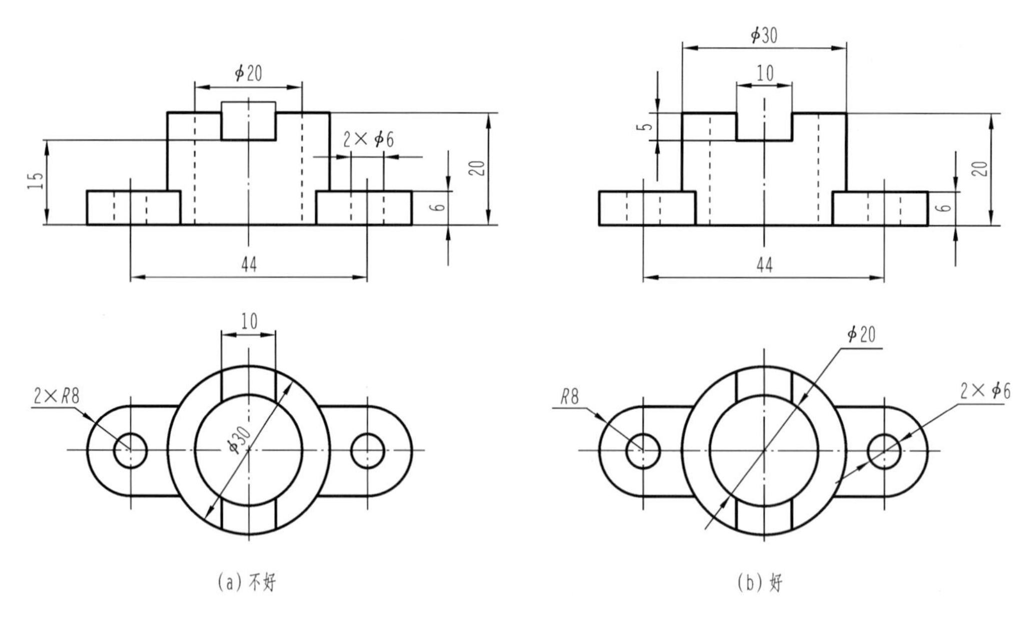

图 A305-14 尺寸清晰标注 4

附　　录

附表 1 《机械制图》知识点代码表

A1 制图的基本知识和技能	A304.2 切割型组合体视图
A101 制图的基本规定	A304.3 综合型组合体视图
A101.1 图纸幅面及格式	A305 组合体的尺寸标注
A101.2 比例	A4 图样的基本表示法
A101.3 字体	A401 视图
A101.4 图线	A402 剖视图
A101.5 常用绘图工具的使用	A402.1 剖视图的形成
A102 尺寸标注	A402.2 剖切面的画法
A102.1 基本规则	A402.3 剖视图的标注及配置
A102.2 标注尺寸的要素	A402.4 全剖视图的概念及选用
A102.3 常见的尺寸注法	A403 断面图
A102.4 简化注法	A5 常用零件的特殊表达方法
A103 几何作图	A501 螺纹
A103.1 等分圆周和作正多边形	A501.1 螺纹的形成
A103.2 斜度和锥度	A501.2 螺纹的基本要素
A103.4 椭圆	A501.3 普通螺纹的标准
A103.5 圆弧连接	A502 螺纹紧固件及其连接画法
A103.6 平面图形分析及作图方法	A502.1 垫圈的选用方法
A2 投影的基本知识	A502.2 垫圈的画法
A201 投影法的概念	A502.3 螺栓连接画法
A202 三视图的形成与投影规律	A502.4 双头螺柱连接画法
A203 点、直线、平面的投影	A503 键联结和销联结
A204 基本几何体	A503.1 键联结
A205 轴测图的基本知识	A503.2 销联结
A206 正等侧、斜二测轴测图及其画法	A504 齿轮
A3 组合体	A504.1 齿轮轴的测绘
A301 组合体的概念和分析方法	A505 弹簧
A303 组合体的组合形式	A505.1 螺纹的规定画法
A303 组合体的表面交线	A505.4 螺纹的标注方法
A304 组合体视图的画法	A6 零件图
A304.1 叠加型组合体视图	A601 零件图概述

续表

A602 零件图的视图选择	A703 装配图的视图选择
A603 零件图的尺寸标注	A704 装配图的尺寸标注
A604 零件图上的技术要求	A705 装配图的零件序号和明细栏
A605 零件图的工艺结构	A706 装配图的绘制
A606 看零件图	A707 常见装配结构
A607 简单零件图的绘制	A708 部件测绘
A7 装配图	A709 装配图的读图方法和步骤
A701 装配图的内容	A710 由装配图拆画零件图
A702 装配图的视图表达方法	

附表 2 《机械基础常识》知识点代码表

B1 机械概述	B503 齿轮系的应用
B101 机器的组成及其基本要求	B504 减速器及应用
B102 机械零件的强度	B6 平面连杆机构
B103 摩擦、磨损和润滑	B601 平面四杆机构组成及类型
B2 联接	B602 平面四杆机构的基本特性
B201 键联接	B603 构件和运动副的结构
B202 销联接	B7 凸轮机构
B203 螺纹联接及螺纹传动	B701 凸轮机构的应用
B203.1 螺纹连接的预紧和防松	B702 凸轮机构的基本特性
B204 联轴器和离合器	B8 支承零部件
B3 带传动	B801 轴
B301 带传动的类型、特点和应用	B801.1 轴的用途和分类
B302V 带和 V 带轮	B801.2 轴的结构
B303 同步齿形带	B802 轴承
B4 齿轮传动	B802.1 滚动轴承的结构和类型
B401 齿轮传动的特点和分类	B802.2 滚动轴承的代号
B402 渐开线直齿圆柱齿轮	B802.3 滚动轴承润滑、密封
B402.1 齿轮的结构形式	B802.4 滚动轴承的画法
B403 斜齿圆柱齿轮	B9 通用机床机械结构
B404 蜗轮蜗杆	B901 普通车床
B405 齿轮传动的维护	B902 普通铣床
B5 齿轮系	B903 普通刨床
B501 定轴齿轮系的传动比	B904 普通钻床
B502 行星齿轮系的传动比	B905 普通磨床

附表 3 《零件测量与质量控制技术》知识点代码表

C1 极限与配合	C4 常用测量工量器具
C101 零件互换性术语及其定义	C401 游标卡尺、内外径千分尺、百分表、量块、角度量具、极限量具的应用
C102 标准公差和基本偏差	
C103 公差代号与极限偏差的确定	C401.1 钢直尺
C104 配合与配合种类	C401.2 游标卡尺
C105 基孔制与基轴制	C401.3 高度游标卡尺
C106 一般公差—线性尺寸的未注公差	C401.4 深度游标卡尺
C2 几何公差	C401.5 外径千分尺
C201 几何要素的分类、定义	C401.6 内径千分尺
C202 几何公差基本要求和标注方法	C401.7 百分表、千分表
C202.1 几何公差被测要素的标注	C401.8 游标万能角度尺
C202.2 几何公差基准要素的标注	C401.9 直角尺
C202.3 形状公差	C401.10 半径样板
C202.4 方向公差	C401.11 量块
C202.5 位置公差	C401.12 塞尺
C202.6 跳动公差	C401.13 塞规和环规
C203 几何公差的公差原则	C5 精密测量仪器
C3 表面结构及其评定参数和图样标注	C501 三坐标测量仪、激光干涉仪光学合像水平仪
C301 表面结构及其评定参数	
C302 表面结构的图样标注	

附表 4 《机械工程材料》知识点代码表

D1 金属的基本知识	D202.1 金属材料退火
D101 金属材料的主要性能	D202.2 金属材料淬火
D101.1 金属材料分类	D203 钢的表面热处理
D101.2 金属材料硬度	D3 金属材料
D102 金属与合金的结构和结晶	D301 碳钢
D103 铁碳合金相图	D302 合金钢
D2 钢的热处理	D303 铸铁
D201 钢的热处理基本原理	D304 有色金属
D202 钢的普通热处理	

附表5 《机械加工工艺基础》知识点代码表

E1 金属切削加工基础知识	E303 零件的工艺分析及工艺审查
E101 金属切削加工基本概念	E304 毛坯的选择
E102 切削运动与切削用量	E305 定位基准的选择
E103 刀具切削部分的几何角度	E306 工艺路线的拟定
E104 常用的刀具材料	E307 工序尺寸及公差带的分布
E105 切削力、切削热与切削温度	E308 工艺尺寸链的计算
E106 刀具磨损	E309 设备与工艺装备的选择
E107 刀具几何参数的合理选择	E310 典型零件的加工工艺分析
E108 切削用量的合理选择	E4 工件的定位与夹紧
E2 典型加工方法	E401 工件的定位原则
E201 内外圆表面加工方法	E402 常用的定位方法及定位元件
E202 孔加工方法	E403 工件的夹紧
E203 平面加工方法	E404 典型夹紧机构
E204 成形表面加工方法	E5 机械加工质量分析
E3 机械加工工艺规程	E501 工艺系统对加工精度的影响
E301 基本概念	E502 提高加工精度、表面质量和生产效率的措施
E302 工艺规程制定的原则和步骤	

附表6 《手工制作》知识点代码表

F1 入门知识	F101.6 孔加工工具
F5 孔的加工和螺纹加工	F506 丝锥和板牙的使用方法和注意事项
F101 钳工常用设备和常用工量具	F102 了解实训相关的规章制度和文明生产要求
F501 钻孔设备和钻孔工具	F506.1 螺纹底孔直径的确定
F101.1 台虎钳	F2 平面划线
F502 钻花的刃磨安装	F506.2 攻螺纹的方法
F101.2 钳台	F201 划线工具
F503 钻孔的方法和注意事项	F6 锉配
F101.3 砂轮机	F201.1 划针
F504 铰孔的方法和注意事项	F601 锉削配合的概念
F101.4 钻床	F201.2 划规
F505 丝锥和板牙的作用和规格	F602 锉配工艺
F101.5 钳工各类工具	F201.3 单脚规
F505.1 攻螺纹的工具	F603 各种工具的应用

续表

F201.4 划线平板	F3 锯削
F604 锉配的方法和注意事项	F301 锯削工具
F201.5 样冲	F302 锯削方法和注意事项
F201.6 支承工具	F302.1 基本锯削方法
F202 划线方法	F303 常见材料的锯削方法
F202.1 钢直尺划线	F4 锉削
F202.2 直角尺划线	F401 锉削工具
F202.3 划规划线	F401.1 锉刀
F202.4 打样冲眼	F402 锉削方法和注意事项
F203 划线注意事项	F402.1 基本锉削方法
F204 划线的线形保持	F402.2 曲面锉削方法

附表7 《机械拆装(部件)》知识点代码表

G1 机械拆装的基本知识	G2 常用零部件的拆装
G101 机械拆卸前的准备工作	G201 螺纹紧固件的拆装
G102 机械拆卸的顺序及注意事项	G202 键、销连接件的拆装
G103 机械拆卸的常用方法	G203 轴承的拆装
G104 装配工艺规程概述	G204 联轴器的拆装
G105 装配前的准备工作	G3 典型部件拆装
G106 常用机械拆装及检测工具	G301 能正确拆卸、清洗、装配典型部件
G107 机械连接方式	G302 掌握典型部件中相对运动机构间的运动间隙的调整方法和间隙量的确认
G108 常用拆装工具	
G109 拆装后的质量检验	G4 减速器拆装
G110 机械拆装实习室安全制度	G401 认识减速器
G111 机械拆装实习守则	G402 组装减速器
G112 机械拆装操作安全须知	

附表8 《普通车削加工技术》知识点代码表

H1 普通车工实训车间准则	H2 认识普通车床及普通车加工基本知识
H8 车削内外圆锥面	H803 宽刃刀车削法车削圆锥面
H101 普通车床安全操作规程	H201 普通车床的结构
H801 转动小滑板法车削圆锥面	H804 内外圆锥面的检测及质量分析方法
H101 普通车床行业规范、标准	H202 普通车床的基本操作
H802 偏移尾座法车削圆锥面	H9 内外圆锥面课题练习

续表

H203 普通车床的日常维护和保养	H405 切削过程、切削力、切削热和切削温度的含义
H901 按图纸要求完成零件的加工和检测	H1204 螺纹的加工技巧和切削参数
H204 普通车加工原理、基本术语、定义、加工范围和类型	H406 刀具的磨损和磨损限度的含义
H10 车削成型面及表面修饰	H1205 螺纹的检测、质量分析方法
H3 普通车加工相关知识	H407 刀具的刃磨方法
H1001 滚花刀的使用	H13 内外螺纹课题练习
H301 普通车床通用夹具的使用方法及特点	H408 轴类零件的加工及检测
H1002 双手控制法车削成型面	H1301 按图纸要求完成零件的加工和检测
H302 普通车刀的选择及使用方法	H5 阶梯轴课题练习
H1003 双手控制法修光成型面	H14 中级工课题训练一
H303 量具的选择及使用方法	H501 按图纸要求完成零件的加工和检测
H1004 成型面的检测	H1401 按图纸要求完成零件的加工和检测
H304 其他辅具的使用方法	H6 车削套类零件
H11 成型面课题练习	H15 中级工课题训练二
H4 车削阶梯轴零件	H601 尾座的使用
H1101 按图纸要求完成零件的加工和检测	H1501 按图纸要求完成零件的加工和检测
H401 金属切削基本原理	H602 钻孔和铰孔
H12 内外螺纹加工	H16 中级工课题训练三
H402 手动进给和机动进给的操作方法	H603 内孔的车削方法
H1201 螺纹的相关知识	H1601 按图纸要求完成零件的加工和检测
H403 外径和端面的车削方法	H604 钻花、内孔车刀的刃磨方法
H1202 螺纹的计算方法	H605 套类零件的加工及检测
H404 切槽、切断的车削方法	H7 套类零件课题练习
H1203 螺纹刀的选着和刃磨方法	H701 按图纸要求完成零件的加工和检测

附表 9 《数控车床编程与加工技术》知识点代码表

I1 数控车床的认识与基本操作	I1103 封闭车削复合循环指令 G73
I11 复合循环的程序编制	I104 数控车床的手动操作
I101 数控车床的认识	I12 刀尖圆弧半径补偿的程序编制
I1101 内外径粗车复合循环指令 G71	I105 数控车床的对刀
I102 数控车床控制面板的认识	I1201 建立刀尖圆弧半斤补偿指令 G41、G42
I1102 端面粗车复合循环指令 G72	I2 简单零件的工艺分析
I103 数控车床坐标系的建立	I1202 取消刀尖圆弧半径补偿指令 G40

续表

I201 工艺路线的确定	I504 直接机床坐标系编程 G53
I13 螺纹车削的程序编制	I1601 数控车床日常维护的基本知识
I202 工件的装夹	I505 直径和半径方式编程 G36、G37
I1301 螺纹相关知识及计算	I1602 工量具的保养
I203 数控车刀的选着	I6 直线插补的程序编制
I1302 螺纹车削指令 G32	I1603 刀具、夹具的保养
I204 切削用量的选着	I601 快速定位指令 G00
I1303 螺纹车削简单循环指令 G82	I1604、数控车床安全操作规程
I205 工艺卡片的填写	I602 直线插补 G01 指令
I1304 螺纹车削复合循环指令 G76	I17 综合加工任务一
I3 数控车削程序编制基础知识	I603 直线倒角 G01 指令
I14 程序的输入、编辑与校验	I1701 运用工艺知识制定加工工艺
I301 数控程序结构	I7 简单轴类零件的编程练习
I1401 数控系统操作面板的认识	I1702 运用编程指令进行程序编制
I302 辅助功能 M 代码	I701 按图纸要求完成零件程序的编制
I1402 程序的输入	I1703 零件的检测与质量分析
I303 主轴功能 S、进给功能 F 和刀具功能 T 代码	I8 圆弧插补的程序编制
I1403 零件程序的编辑	I18 综合加工任务二
I4 不同单位设定的程序编制	I801 圆弧插补指令 G02、G03
I1404 零件程序的校验	I1801 运用工艺知识制定加工工艺
I401 尺寸单位选择 G20、G21	I802 圆弧倒角指令 G02、G03
I15 零件的加工与检测	I1802 运用编程指令进行程序编制
I402 进给速度单位的设定 G94、G95	I9 简单弧面零件的编程练习
I1501 刀具的安装与对刀	I1803 零件的检测与质量分析
I5 有关坐标系和坐标的程序编制	I901 按图纸要求完成零件程序的编制
I1502 毛坯的装夹	I19 综合加工任务三
I501 绝对编程与增量编程 G90、G91	I10 简单循环的程序编制
I1503 数控车床自动加工	I1901 运用工艺知识制定加工工艺
I502 坐标系设定 G92	I1001 内外径简单循环指令 G80
I1504 零件的检测与质量分析	I1902 运用编程指令进行程序编制
I503 坐标系选择 G54-G59	I1002 端面简单循环指令 G81
I16 数控车床、工量具、刀具、夹具维护保养	I1903 零件的检测与质量分析

附表 10 《数控铣床编程与加工技术》知识点代码表

J1 数控铣床简介及安全文明生产	J301 数控铣削基本编程知识
J7 孔和孔系编程与加工	J302 数控仿真软件的使用
J101 数控铣床工艺范围、主要组成、主轴单元结构、伺服进给系统传动结构和主要部件	J4 平面零件编程与加工
	J401 平面零件的加工工艺路线、切削用量的确定
J701 孔加工循环指令的应用	J402 工艺文件的编制
J102 数控铣床/加工中心的行业规范、标准	J403 工件坐标系的选择、基点坐标的计算
J702 孔加工刀具的选择、切削用量	J404 铣削刀具的选择
J103 数控铣床安全操作规程	J405 平面零件的手工编程、对刀、工件坐标系的设置及工件的装夹、加工 J5 外形轮廓的编程与加工
J703 孔系的加工方法	
J2 数控铣削加工入门及面板操作	J501 零件外轮廓的加工工艺路线、切削用量的确定
J704 零件的程序编制、对刀、工件坐标系的设置及工件的装夹、加工、检测	
	J502 工艺文件的编制
J201 数控铣床控制面板的使用	J503 工件坐标系的选择、基点坐标的计算
J8 配合零件的编程与加工	J504 铣削刀具的选择
J202 对刀和坐标系的设置	J505 零件的程序编制、刀补设置
J801 零件加工工艺路线、装夹方案、切削用量的确定	J506 零件的对刀、工件坐标系的设置及工件的装夹、加工、检测
J203 刀补设置	J6 沟槽和内轮廓编程与加工
J802 编制简单加工工艺文件的流程和方法	J601 零件加工工艺路线、切削用量的确定
J204 工件安装找正操作	J602 封闭沟槽和内腔的下刀和加工方法
J803 零件加工质量检测和控制方法	J603 开放沟槽和内腔的下刀和加工方法
J205 数控机床日常维护和简单故障处理	J604 铣削刀具的选择
J804 加工零件的去毛刺、防锈等加工后处理工艺的方法	J605 铣削方式和刀补方向的确定
	J606 零件的程序编制、对刀、工件坐标系的设置及工件的装夹、加工、检测
J3 数控铣削编程基础知识	

附表 11 《CADCAM 软件应用(中望)》知识点代码表

K1 中望 3D2022 基础	K103 自定义操作
K802 钻孔	K803 三维快速铣削
K101 基本界面	K104 管理器
K802.1 中心钻	K803.1 Volumill3X(动态开粗)
K102 对象操作	K105 查询功能
K802.2 啄钻	K803.2 平坦面加工

续表

K2 线框	K5 装配设计
K804 二维铣削	K501 装配管理
K201 曲线绘制	K502 组件装配
K804.1 轮廓	K503 装配工具
K202 曲线编辑	K504 装配动画
K804.2 螺旋	K6 工程图
K203 曲线操作	K601 工程图基础
K804.3 倒角	K602 视图布局
K3 草图	K603 剖视图
K805 实体仿真	K604 工程图实例
K301 草图绘制	K7 综合建模与装配练习图样
K806 添加坐标	K701 坚果夹
K302 草图控制	K702 桌面虎钳
K807 编辑后处理	K703 万向节
K303 草图操作	K704 磨
K808 程序的输出	K705 垂直斯特林发动机
K4 实体建模	K706 气动抽水机
K401 基础造型	K707 齿轮螺旋机构
K402 特征操作	K708 齿轮传动式偏心滑块机构
K403 基础编辑	K8 加工模块
K404 基准面	K801 中望加工模块的设置
K405 实体建模实例	

附表 12 《特种加工技术(电火花、线切割)》知识点代码表(高职)

L1 电加工机床认识	L302 电火花加工中的一些基本工艺规律
L101 电火花加工机床及加工介绍	L303 电火花加工的脉冲电源及电规准调节
L102 电火花线切割机床及加工介绍	L304 电火花加工的自动进给调节系统
L103 电火花产生的原理简介	L305 电火花加工机床
L2 电火花线切割加工	L306 影响电火花成形加工工艺指标的因素
L201 电火花线切割加工原理、特点及应用范围	L4 电火花加工文安全文明生产
L202 电火花线切割加工设备	L401 准备加工时的检查事项
L203 电火花线切割控制系统和编程技术	L402 加工中的检查事项
L204 影响电火花线切割工艺指标的因素	L403 电火花加工的安全技术规程
L3 电火花成形加工	L404 电火花机床的安全操作规程
L301 电火花加工的基本原理及其分类	L405 电火花机床的维护和保养

附表 13 《普通铣削加工技术》知识点代码表

M1 铣削加工基础知识	M302 铰刀用途,铰孔操作方法
M101 普通铣床的分类及日常维护常识	M303 安全文明生产的操作规程
M102 普通铣床的基本操作	M4 压板零件的铣削加工
M103 铣刀的种类和铣刀的结构	M401 压板各平面、台阶面、角度面、孔的铣削加工
M104 工件的装夹	
M105 常用量具的使用方法	M402 安全文明生产的操作规程
M106 安全文明生产的操作规程	M5 定位 V 型铁的铣削加工
M2 常规铣削方法和技巧	M501 V 型铁各平面的铣削加工
M201 铣削平面的方法	M502 V 型槽的铣削加工
M202 长方体工件铣削工艺及铣削工步步骤	M503 掌握机床安全操作规程
M203 铣削台阶面的方法和刀具的对刀方法	M6 T 型底座的铣削加工
M204 键槽加工的对刀方法和操作方法	M601 直角面的铣削加工
M205 安全文明生产的操作规程	M602 T 型台阶面的铣削加工
M3 铣床上孔的加工	M603 掌握机床安全操作规程
M301 钻花的角度,钻孔的操作方法	

附表 14 《电工基础》知识点代码表(高职)

N1 安全用电常识	N404 三相交流电路
N101 电气危害概述	N405 串联电路
N102 触电的保护与急救	N5 电容与电感
N103 电气火灾的防护与处理	N501 常见电容器
N104 电气安全规范常识	N502 电容器的种类
N2 电工工具与电工材料常识	N503 电容元件参数
N201 常用电工工具及其使用常识	N504 常见电感器
N202 常用电工材料基础常识	N505 电感器元件参数
N203 常用电工材料的选用技术	N6 电气控制图识读基础
N3 直流电路基础知识	N601 电气控制图样的相关规定与国家标准简介
N301 电流、电压、电动势的基本概念	N602 电气控制图样识读基础
N302 电阻的概念和电阻与温度的关系	N603 典型机床电气控制图识读技巧
N303. 欧姆定律的定义	N7 电工仪表与测量技术
N304 电能和电功率的概念	N701 常用电工仪表和电工元件的使用技术常识
N305 焦耳定律、电能和电功率的概念	N702 主要电量的测量技术常识
N4 正弦交流电路基本知识	N703 电工测量典型实例
N401 正弦交流电的三要素	N8 设备常见电气故障的处理
N402 纯电阻、纯电感、纯电容电路的规律	N801 设备常见电气故障的种类与特点
N403 有功功率、无功功率和视在功率的物理概率	N802 处理电气故障的一般方法步骤

附表 15 《数控机床维护常识》知识点代码表(高职)

O1 数控机床概述	O303 数控机床电气控制逻辑表示
O101 数控机床历史	O304 组成电气控制线路的基本规律
O102 数控机床的基本结构及工作原理	O305 液压、气动基本知识
O103 数控机床的分类	O4 数控机床安装调试及验收
O104 数控机床的特点及应用范围	O401 安装数控机床前期准备工作
O2 数控机床的机械结构	O402 安装数控设备
O201 数控机床机械结构的组成与要求	O403 调试数控机床
O202 数控机床主轴传动系统的结构	O404 验收数控机床
O203 数控机床进给传动系统的结构	O5 数控机床维护
O204 自动换刀装置	O501 数控机床日常维的基本知识
O205 数控电加工机床	O502 数控机床机械部的维护
O3 数控机床电气控制基础	O503 数控系统的维护
O301 数控机床常用控制电器及选择	O504 伺服系统的维护
O302 数控机床电气原理图的画法规则	

附表 16 《班组管理》知识点代码表(高职)

P1 班组生产管理	P204 规范自动化运行维护人员的作业行为
P101 班前计划(计划与目标管理)	P205 制定年度自动化设备检修计划
P102 班中控制	P206 安全量化管理工作
P103 班后总结	P207 如何做好生产安全管理考核
P2 如何做好生产安全管理	P3 班组设备与工具管理
P201 安全事故的原因分析	P301 班组设备的日常“三级保养”
P202 安全管理措施的落实	P302 班组日常工具管理
P203 做好安全日常管理工作	

参 考 文 献

[1] 钱可强.机械制图[M].2 版.北京:高等教育出版社,2017.
[2] 崔陵,娄海滨机械识图[M].2 版.北京:高等教育出版社,2014.
[3] 人力资源社会保障部教材办公室.极限配合与技术测量基础[M].5 版.北京:中国劳动和社会保障出版社,2014.
[4] 崔陵,娄海滨.零件测量与质量控制技术[M].2 版.北京:高等教育出版社,2014.
[5] 汪哲能.钳工工艺与技能训练[M].3 版.北京:机械工业出版社,2019.
[6] 吴志军,翟彤主编.机械制图[M].西北工业大学出版社,2014.